儿童九型人格教养法

燕子◎著

天津出版传媒集团

天津人民出版社

图书在版编目（ＣＩＰ）数据

儿童九型人格教养法 / 燕子著 . -- 天津 ：天津人民出版社，2017.9（2018.6 重印）
ISBN 978-7-201-12239-7

Ⅰ．①儿… Ⅱ．①燕… Ⅲ．①人格－儿童教育－研究
Ⅳ．① B825

中国版本图书馆 CIP 数据核字（2017）第 186307 号

儿童九型人格教养法
ERTONGJIUXINGRENGEJIAOYANGFA
燕　子著

出　　版	天津人民出版社
出 版 人	黄　沛
出　　址	天津市和平区西康路 35 号康岳大厦
邮政编码	300051
邮购电话	（022）23332469
网　　址	http://www.tjrmcbs.com
电子邮箱	tjrmcbs@126.com
责任编辑	王昊静
策划编辑	村　上
装帧设计	胡椒书衣
印　　刷	固安县保利达印务有限公司
经　　销	新华书店
开　　本	710×1000 毫米　　　1/16
印　　张	15
字　　数	174 千字
版次印次	2017 年 9 月第 1 版　　2018 年 6 月第 3 次印刷
定　　价	38.00 元

帮助孩子成为更好的自己

前几天，女儿在学校举办的绘画大赛中取得了第一名的好成绩，作为奖励我带着她去看最近大热的电影《摔跤吧，爸爸》。平时我不怎么给她买零食吃，但是这次带她去看电影时，我特地为她准备了一点儿零食。没想到将近三个小时，她一直聚精会神地盯着巨幕，时而满面愁容，时而热泪盈眶，期间也没有吵着去卫生间，似乎还把吃零食这件事忘记了。看着她认真的样子，我不忍心打扰她。看完电影回家的路上，她也一直闷闷不乐，回到家后更是直接回到了自己的房间。

我并没有直接询问女儿缘由，而是回到屋里和孩子的爸爸展开分析。女儿虽然不是特别开朗的孩子，但她总是笑容满面，天真可爱。在学校她经常帮助遇到困难的同学；每次出去散步会主动让我给小区里的流浪狗带一些吃的；在家里经常主动帮我做一些简单的家务。不管和谁都能够相处融洽，应该不是人际关系出现了问题。凭我的职业敏感，我知道她的主导性格属于2号给予型，除了这些好的性格特点，她和这个类型的大多数孩子一样，容易压抑自己，来讨他人的欢心，想必是这部电影的一些情节让她的内心有所感触吧。

我敲门后，得到允许，走进女儿的房间，看见她正对着一桌子自己的图画作品发呆。"宝贝，你是不是有什么话想和妈妈说？"我坐在她身旁，对她说。"没有……"女儿低着头喃喃道。"妈妈喜欢诚实的孩子，并且妈妈保证不论你和妈妈说什么，妈妈都不会批评你，妈妈会尊重你，会一直爱你。""妈妈，其实我不喜欢画画，我喜欢跳舞。我能像电影里的小姐姐们一样刻苦练习的……"

我一直觉得女孩子学画画是一个很培养气质的爱好，因此在她还没出生的时候，就跟她爸爸商量，等她一上幼儿园就让她去学画画。到现在，女儿已经6岁了，我从来没问过她的意愿。意识到问题的严重性之后，我对女儿说："学舞蹈很辛苦，不仅累，可能还会受伤，你能够坚持吗？"女儿看着我坚定地点了点头，说："我会像小吉塔和小巴比姐姐一样坚持到底的！我觉得画画不是我的梦想，我的梦想是跳舞，但我并不想得世界冠军，我只是觉得跳舞让我快乐。而且每个月老师都会带我们助人小组去养老院，我还可以给那里的爷爷奶奶跳，他们也会很开心的……"

我立刻为自己之前的武断向孩子道歉，并约定把每周两次的画画课改成舞蹈课。并且告诉她以后要像今天一样，把她不想做的以及想做的事情都及时告诉我。如果理由合理，我不会强迫她去做的。

每位家长都希望自己的孩子能够自信、健康、快乐，成长为优秀的人。但是我们在教育孩子的过程中常常会迷失自己，最常见的就是将孩子与其他孩子进行比较，忽略了孩子的个性养成。这样造成的结果就是孩子叛逆，与我们产生隔阂，还会变得自卑、自闭、郁闷，没有主见与信念，最终在长大成人后被社会淘汰。

在当今社会，培养孩子独特的人格魅力和个性品质变得越来越重要。从孩子来到这个世界的那一刻起，因为成长环境的不同，虽然可能会有一些共同点，但每个孩子都具有一些自身独特的性格气质。这就需要我们认识到孩子的性格差异，理解孩子，尊重孩子，给予孩子足够的空间与时间，让他们自由地成长。我们大人充当的应该是指引者与协助者的角色，而不应该将自己作为孩子成长的指挥者。

《儿童九型人格教养法》所展现的，正是从人格特质出发。在判断出孩子的主导性格之后，我们首先应该接受孩子与生俱来的人格特性，之后才能够因材施教，选择一种全新的思路，发现孩子的性格优势，协助孩子发现性格劣势的症结所在。在引导孩子走向成功的同时，还能够构建和谐的亲子关系，提升家庭幸福指数。

作为家长，应该与时俱进。虽然孩子的基本人格类型是不会改变的，但是由于有时候我们的教育方法不得当，或孩子为了顺应成长环境、社会文化，可能会隐藏或改变一些性格特性。因此，九型人格教养法不是固定的，需要我们长期细心观察，学会倾听，学会利用智慧去解决问题，将"粗放型"教育，转变成"精细型"教育。

或许有些家长认为，自己的孩子自己最了解，但客观来说在他们成长的道路上，未知的部分一直存在，并且非常值得我们去探索，例如怎样发掘孩子的潜能、怎样爱孩子爱得恰到好处、怎样建立和谐、完美的亲子关系、怎样让孩子提高学习成绩……相信每个家长都曾遇到过这些问题，将这些曾经让你困惑的问题，套用九型人格理论来解锁，那么一定会容易理解、解决的。

帮孩子成长为快乐的、最好的自己，和孩子共同成长，感情升华，比不停教育他成为一个成功的人，或者一个对社会有用的人更有意义。

这本书得以出版，我要特别感谢我的女儿。在她的陪伴和鼓励下，我才将自己学习的知识与日常切身体会更好地结合，撰写成书。

希望长大后的每一个孩子，能够活成自己想要的样子。

燕子

2017年5月23日

目录

第六章 5号智慧型：
尊重孩子探索欲，注重发展社交商

第七章 6号忠诚型：
给予爱和信任，养出小小"乐天派"

第一章

探秘儿童九型人格，
因型施教最凑效

父母在孩子成长的过程中会逐渐发现，自己家的孩子和别人家的孩子是那么不同。九型人格将性格分为九种类别，总有一种属于你的孩子。

解开神秘九型人格的谜底

人格类型是天生的，从孩子呱呱坠地来到这个世界上的时候，他们就已经带着自己独特的性格类型，因此孩子即使是在襁褓中，也会有性格的安静和活泼之分。

父母都希望孩子能够按照自己的期望成长，但是这种"让孩子长成为我期待的模样"的观念，正是造成亲子关系紧张的主要因素之一。其实每个人都是独立的个体，每个人都有其独特的人格，无论是大人还是孩子，都不想成为别人意愿下的附属品。

在人们追求至高无上的觉悟的过程中，性格将成为人们发掘自身潜力的引导力量，比如爱的能力、感受他人的能力和预见的能力，这是一个较为漫长的演变发展过程。

九型人格并不是什么高深莫测的理论知识，而是关于自身以及身边人际交往的一门学问。之所以将其应用于孩子的教育中，主要是它能够揭示在不同环境、面对不同问题的情况下，不同性格的孩子行为表现方式的不同，而九型人格正是孩子行为背后的驱动力和情绪来源。

那么，什么是人格？什么是九型人格？人格是由人的先天气质与后天性格构成的，其中性格主要是指人与人之间的区别，人格则是指一个人的整体性。

与以往传统性格分析不同的是，九型人格理论将人格划分为九种基本类型，是研究各种人格特点以及不同人格之间差别的理论。这种理论运用了很多心理学、哲学的知识，对人的性格分析更为深刻和透彻。它按照古老图腾的九个角展开，揭示了九种不同的内心动力，将人格类型划分为如图所示的九种。

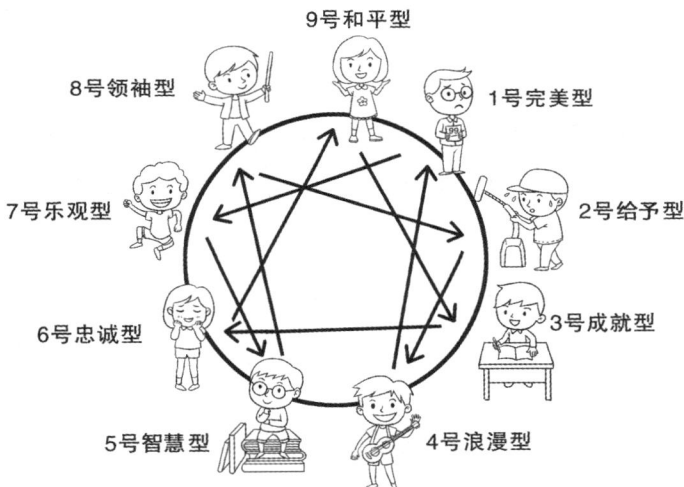

每个人的性格决定了他关注问题的角度，在一种很自然的情况下，九种不同类型的人所关注事物的方向也是不同的。

由此可见，九型人格揭示了每种性格更高层面的认知，不仅能够提示我们每天如何与自己相处以及如何与不同性格的人交往，还能够帮助家长真正认识、了解自己的孩子，从而找到其性格背后行为方式的秘密。

找出孩子的主导型人格

无论是成人还是儿童，他们的基本人格类型是不同的。即使在现实生活中，由于某些环境因素而使人们为人处事的方法发生改变，但是基本人格导向是不会发生变化的。

每个孩子的成长环境以及成长经历都是独一无二的，每种性格类型的孩子之间可能会存在共同的特点，但是不难发现的是，每个孩子都拥有其最特殊的特质。

许多家长在进行家庭教育的过程中渐渐认识到，只有了解孩子的性格，才能掌握教育孩子的方法，这对他们在教养方式的选择以及与孩子沟通方法的改进上都有很大帮助。除了使家庭教育变得更加具有针对性以外，还能够和孩子建立起朋友关系，从而了解孩子各个时期的心理变化。

了解孩子的主导性格，可以根据其心理特征选择合适的沟通方式或教育方式。只有了解孩子，才能接纳孩子，从而引导孩子，与孩子和谐相处并帮助孩子更好地成长。

在寻找孩子人格类型的过程中，家长不妨放下对孩子一直以来的印象，通过客观的观察，以孩子经常性、一致性的表现作为寻找答案的标准。注意不能单单凭借孩子偶尔出现的性格特质进行判断。

可以通过下面的小测试判断孩子的主导性格。

1. 活泼开朗、善于表现自己，并且自我意识强烈的孩子，竞争心强，并且在团队中喜欢充当领导者的角色，不会委屈自己或者不会被其他小朋友欺负。

YES→4　NO→2

2. 十分注重团队纪律以及权威者的意见，即使内心有不同的想法，但是最后仍然会选择遵照权威者所期待的去做，是家长和老师心目中的好孩子。

YES→7　NO→3

3. 比较内向害羞、慢热，不太愿意表达自己的真实想法，遇到不开心的事情会沉默不语，常常说"没事"后一个人躲在房间里。

YES→10　NO→1

4. 在家里，非常坚持自己的意见，比较叛逆冲动，不喜欢被束缚，非常有正义感，遇到不顺心的事会马上反抗。

YES→8号领袖型　NO→5

5. 反应快、兴趣爱好广泛，但是三分钟热度，话多，表现欲望强，是家中或者同学中的开心果。

YES→7号乐观型　NO→6

6. 懂得如何讨长辈喜欢，喜欢自我表现，自信、外向、自尊心强，很害怕失败，希望自己样样都很出色。

YES→3号成就型　NO→1

7. 无论是学习还是游戏都自动自发、认真公平，是会管理自己与管理他人的小组长。

YES→1号完美型　NO→8

8. 比较愿意帮助父母分担家务，乐观开朗，在团体中有较好的人缘，容易受到长辈的喜爱。

YES→2号给予型　NO→9

9. 对伙伴团结友爱，对家长服从贴心，但有时又会挑战权威或表现出叛逆。

YES→6号忠诚型　NO→2

10. 情感丰富、情绪化，富有创造力，对美感有自己的见解，能够感受到他人的情绪变化。

YES→4号浪漫型　NO→11

11. 好奇心强，但是内敛，喜欢思考或者默默进行计划，很难从他的表面反应看出其内心世界。

YES→5号智慧型　NO→12

12. 贴心友善、温柔腼腆，喜欢和家人一起活动，不喜欢与人竞争。

YES→9号和平型　NO→3

1号完美型：循规蹈矩，自觉自发性高，讲求诚信、诚实与公正。

2号给予型：乐于助人，喜欢奉献，具有强烈的同情心。

3号成就型：自信外向，踏实努力，具有强烈的胜负心。

4号浪漫型：喜欢按照自己的风格做事，不喜欢模仿他人，自尊心强，常容易暗自喜欢或嫉妒其他小伙伴。

5号智慧型：沉默，喜欢动脑思考，想法独特，常有自己的创意。

6号忠诚型：可爱和善，容易紧张，遇到事情容易犹豫不决。

7号乐观型：爱玩，聪明机灵，想象力丰富，学习能力强。

8号领袖型：自主性强，有领导小伙伴的欲望，不会轻易示弱。

9号和平型：容易害羞，不希望被关注，脾气好，但是容易受欺负。

在进行了测试之后，相信家长找到了自己孩子的基本核心性格类型，并对孩子主导人格有了一个初步的了解。

要想让孩子全面发展，最关键的是要保证其具备健全的人格，然后才能践行优良品质的塑造，也才能有发展综合能力的可能性。家长需要做的其实并不复杂，只要能够因材施教，洞察孩子的性格特性，找出孩子在成长过程中出现的问题的根源，用最合理、最有效的方式引导，这样就能够真正地帮助孩子，提升孩子成长的幸福感，从而引导孩子走向成功。

不同人格孩子的心理特征

想要了解孩子真正的性格与心理特征并不简单，这就需要家长更加用心观察，逐渐发现孩子的性格本质。

在这个过程中，家长不仅可以了解到孩子内心的真实想法，还能够在与孩子进行沟通交流的过程中，与孩子建立良好和谐的亲子关系。

每个孩子的心理特征都会与自己的人格类型相对应，下面我们就来听听孩子的心声，了解孩子内心真实的想法吧。

1号完美型

〇我要做一个做事认真、遵守纪律的好孩子。

〇我上学从来不迟到，因为违反纪律会使我感到难受。

〇我是听大人话的好孩子，父母、老师交给我的任务，我都会认真完成。

〇我不能忍受自己的校服不整洁。

〇我考试必须拿到100分，如果没有100分，也要得第一名。如果不是第一名，我就会很不开心。

〇我放学回家一定要先把作业写完，并且确认没有错误，然后才会出去和小伙伴们一起玩。

○我对身边的小伙伴要求也很严格，如果他们做得不好，我会想要批评他们，让他们将事情做好。

○做错了事情，我会感到很内疚，但是我不喜欢别人批评我。

○在生活中我也要井井有条，如果房间乱了，我会及时整理。

2号给予型

○我非常喜欢帮助同学，如果做值日的同学没有来，我会主动帮助他做值日。

○如果我的朋友有困难，我一定会尽力帮助他解决问题。如果不能给予他帮助，我会感到很难过。

○如果班级里的同学身体不舒服，我会非常愿意带他去校医务室。

○如果我不付出，我就觉得我是不被需要的，就没有人会爱我。

○我会做一个乖巧懂事的孩子，这样父母就会喜欢我。

○我希望通过自己的努力可以得到父母和老师的赞扬。

○我会考虑其他人的处境，但是小伙伴们有的时候让我帮忙作弊，我不知道该怎么拒绝。

○会有很多同学愿意把他们的心事告诉我，因为我是很好的倾听者。

○我常常感到自己付出的很多，但是却得不到同等的回报。

3号成就型

○如果我得了第一名受到了老师的表扬，我会特别开心，我很享受老师和同学们的赞扬。我希望自己每次考试都可以得到第一名。

○我希望自己能够在某一个方面是最棒的，我渴望获得大家的认可。

○为了能够取得成绩，我愿意不断努力，这样就可以让老师和父母为我感到自豪。

○我不喜欢被人忽视的感觉，所以我很喜欢表现自己。

○无论做什么事情，我都渴望被他人认同，如果没有人认同我，我会感觉很沮丧。

○我其实并没有我表现出的那样自信，我也需要大家的不断鼓励，这是我不断前进的动力。

○我的好胜心比较强，如果我的成绩下降或者是不如别人，那么我就会加倍努力赶上来。

○我不愿意把我的弱点和不开心的事情表现出来，我希望大家觉得我是很快乐的。

○我可以说心里话的小伙伴很少。

4号浪漫型

○我特别喜欢幻想，我觉得我的梦格外美好，我幻想自己会魔法，还可以飞到天上去。

○我比较喜欢创造没有的东西，我不喜欢和别人一样。

○我觉得自己有和别人不一样的能力。

○我觉得自己是特殊的，是独一无二的，我希望自己能够成为父母的骄傲。

○有的时候我觉得没有人能够理解我，我觉得我得不到别人的肯定。

○在别人不能理解我的时候，我宁愿躲进自己的世界。

○我比较害羞，我是内向的孩子。

○如果是在陌生的环境中，我就会感到很不安。

○我很敏感，情绪上也很容易波动。

○如果别人拥有我喜欢的东西而我没有，我就会觉得很难过。

○我渴望交到知心的朋友，可以将心里想说的话都告诉他。我希望他能够理解我的感受、关心我。

○如果我感受到别人对我的关注、对我的好，我就会很开心；如果别人对我不好，或者我感受不到关心，我就会很沮丧。

5号智慧型

○我对家中的东西充满了好奇心，我特别想把它们都拆开看一看。

○我认为知识是最重要的，因为知识可以解答我对于这个世界的疑问。

○我喜欢学习，我希望自己可以懂得更多的事情。

○我喜欢在自己的房间里捣鼓东西，这个时候我不希望被别人打扰。

○我喜欢思考，但是有的时候我并不想行动。

○有的时候我会因为父母希望我成绩好而去学习，并且做一些自己并不真正喜欢的事情。

○有的时候我会因为思考自己的事情而忘记和小朋友们一起做游戏，因此我的朋友并不多。

○我不喜欢和人交往，我有点儿害怕接触陌生人，就算是熟悉的人也不愿意主动去接触。但是在和他们交往的时候，我能够与他们进行交流。

○就算发生了令我非常难过或者开心的事情，我也不会表现出来。

○我喜欢自己慢慢消化情绪上的波动。

6号忠诚型

○我热爱我的班集体，我愿意主动参加班级里的活动。

○我对班级里的同学都很友好，我愿意帮助、团结同学，组织大家在一起玩耍。

○我有的时候会很胆小，缺乏安全感，遇到事情会习惯性地朝不好的方向去想。

○我有的时候会对别人缺乏信任感，喜欢刨根问底。

○如果是我的朋友，我就会百分之百地信任他，并且不会做出背叛朋友的事情。

○我有的时候会对自己很没有信心，害怕自己会做错事情。

○我更愿意跟随团体一起活动，这样可以避免出现一些自己力不从心的事情。

○我对事情会有很多担忧，因此我更愿意待在父母身边，不愿意接触陌生的环境和陌生的人。

○我有的时候心里会产生矛盾，既相信又怀疑，既想顺从又会有叛逆的心理。

○我害怕被别人轻视，因此我做事小心谨慎。

○我有的时候渴望得到大家的喜欢，但是我又会怀疑大家并不喜欢我。我害怕自己因为做错了事情而受到责怪。

○我常常会有无谓的担心，会在上学之前怀疑自己没带橡皮，也会在考试的时候怀疑自己答不对题目。

7号乐观型

○我觉得外面的世界充满了快乐，我喜欢和小伙伴们一起在外面玩耍。

○我不想安静地坐在椅子上看书，我想去外面玩一会儿。

○我不愿意想一些令自己难过的事情，我觉得所有的事情都有快乐的一面。

○我不喜欢带着压力学习，我愿意看带图画的书，并且能够随意涂鸦。

○我希望能够拥有自由的生活，我不是很喜欢父母总管着我，我喜欢自由自在。

○我不喜欢做无聊的事情，我喜欢新鲜、有活力的游戏。

○我有的时候会有一些懒惰，不想做事情。

○我希望自己可以变得更好，但是有的时候我却不愿意实施自己的计划。

○有新鲜的想法我就愿意去试一试，我很喜欢上手工课与实验课。

○我是一个开朗的孩子，所以有很多愿意和我一起玩耍的小伙伴。

8号领袖型

○我是小伙伴里的孩子王，我希望可以带着他们一起做游戏。

○只要是我想要达成的事情，就一定要做到。

○我喜欢管理别人，喜欢让小朋友们都听我的安排。

○我有的时候脾气比较急，做事喜欢掌握全局。

○有的时候我会命令朋友按照我的想法做事，事情过后我会有一点儿愧疚的感觉。

○当我决定做一件事情的时候，我就会承担到底，并且会全力以赴，信守承诺，不达到目标是不会放弃的。

○我不希望自己身边的小伙伴受到伤害，我希望自己可以保护他们。

○我喜欢表现自己的优点，渴望受到身边小伙伴的崇拜。

9号和平型

○我会尽力维持与家长、老师还有身边伙伴们的和谐关系。如果别人伤害了我，只要不是很过分，我就不会与他们争吵。

○我最不希望看到的就是与别人发生矛盾，尤其是争吵。我希望大家都能和谐相处，我最害怕看到父母争吵。

○在进行选择时，我会犹豫不决，我不愿意去尝试把握不大的事情。

○我不愿意和别人去竞争，我只想随意地选择自己想做的事情。

○我乐意接受别人的意见，其实不管是什么都可以，我不愿意自己做决定。

○我不愿意刻意讨好别人，我喜欢凡事顺其自然。

○我希望父母可以给我一个属于自己的小空间——不被打扰的小空间。

○我相信一切事情只要顺其自然就会变好的。

○我说话比较慢，如果老师说话太快我就会跟不上，这个时候我会选择沉默。

通过倾听孩子的心声，我们可以帮助自己的孩子对号入座，了解孩子内心世界的真实想法。试着去理解孩子的行为举止，这才是成功教育的第一个步骤。

关注孩子成长环境，把握性格变化因素

与成年人相比，想要找准孩子真正的性格特征并不是一件简单的事情。这是因为，在孩子的成长初期，他们对于语言、道德以及事物的认知能力并不是那么健全，还处在一个逐步发展的阶段。

孩子的人格虽然是天生的，但是随着孩子不断长大，随着成长经历的不断丰富，孩子的人格类型是会发生改变的。通常情况下，孩子的基本性格类型会朝着与其相似的性格类型发生一定的偏向变化。

因此，孩子的性格发展以及人格形成并不是静止不动的，也不是一蹴而就的，而是一个动态发展的过程，这就需要家长认识到孩子的成长环境因素对于孩子性格的影响。

那么，影响孩子性格变化的因素有哪些呢？

遗传因素

从遗传的角度讲，家长的性格在一定程度上会遗传给孩子。

如果父母的性格都是乐观型的，那么孩子的性格是乐观型的可能性就比较大，也就是我们通常所说的"有什么样的家长，就会有什么样的孩子"。

但是遗传因素并不是孩子性格发生变化的主要因素，其影响程度是比较弱的。

家庭环境因素

父母是孩子的第一任老师，家庭环境对于孩子的性格影响是很深远的。

在家庭环境对孩子的性格影响因素中，最关键的两点就是家庭氛围与父母素质。良好的家庭氛围，父母素质较高，自然会对孩子的好性格形成产生积极的影响。不仅如此，家长的教育观念、态度与方式，以及孩子在家庭中的地位和角色，都会影响他们的性格形成。

学校教育环境

除了家庭以外，孩子最常接触的场所就是学校。因此学校教育环境也是影响孩子性格变化的重要因素。孩子在学校中的表现、成绩如何，在怎样氛围的集体中，以及与老师、朋友的交往状态，都会影响孩子的性格形成。

社会环境因素

如果孩子长时间在一个不好的社会环境中生存发展，那么孩子的性格发展就会受到影响。所以，提供一个良好的社会环境，对于孩子的性格形成也会有帮助。

父母在孩子成长的过程中，需要不断观察孩子的变化，给孩子营造好的成长环境，促使孩子的性格朝着更好的方向发展。

人格不分好坏，成长路上需要正确指引

找到孩子的性格类型特征，是为了对孩子有一个充分的了解。根据孩子的性格以及行为特征，选择合适的沟通和教育方式。尤其是对于孩子性格中的缺陷，只有进行了解，才能够理解孩子、接纳孩子，从而做到引导孩子，并与孩子和谐相处。

九种性格基本类型虽然各具不同，但是不能按照好坏来区分和界定。有的家长只看到孩子的缺点，认为孩子调皮、叛逆，不听家长和老师的话，因而觉得自己的孩子性格不好，甚至将自己的孩子判定为坏孩子。为此，他们还会对孩子进行更加严格的管教，甚至打骂孩子。

这样的做法不仅不会使孩子变好，还会使孩子的性格朝着其性格中存在缺陷的方向发展。

磊磊是一个从小就十分调皮的小男孩，他会把玩具扔得满地都是，还会抢别的小朋友的卡片，甚至为了出去玩和父母撒谎。父母经常惩罚他，但是无济于事。

磊磊上了幼儿园以后，这种情况更是愈演愈烈。妈妈经常被老师叫到幼儿园去。这天，磊磊的妈妈又因为磊磊犯了错误，被老师叫到了幼儿园。

老师告诉磊磊的妈妈，磊磊在上活动课的时候不仅抢小朋友的剪刀，还

因为其他小朋友的手工比他做得好，就将其他小朋友的作品撕坏了。老师希望家长能够在家中对孩子的行为进行正确的管教。

磊磊的妈妈听了以后很难过，回到家以后就把磊磊在幼儿园的行为告诉了磊磊的爸爸，并对他说："你说磊磊为什么就不是一个听话懂事的好孩子，我已经不想再管他了。真是怎么教都教不好，我怎么生了一个这样的孩子。"磊磊的爸爸脾气很暴躁，他听了妈妈的话以后十分生气："看来还是打得不够，孩子不长记性，怎么教都没有用。"

看了上面这个案例，我们可想而知，磊磊又将受到爸爸的打骂，但是这样的教育方式真的有用吗？用打骂管教出来的孩子就会变得规规矩矩，就会从父母眼中的"坏"孩子变成他们期望中的乖孩子吗？

磊磊的父母认为孩子调皮就是坏孩子，他的性格就是不好的。但是，其实人格是不分好坏的，如果将人格中的性格缺陷朝着正确的方向引导，就算是再调皮的孩子也会明白什么样的做法是错误的、是不好的。

案例中的磊磊，从小就受到爸爸的严厉管教，还不能得到来自妈妈的鼓励，妈妈甚至已经放弃了磊磊，觉得他可能一直会是"坏"孩子。磊磊变成这样，主要是因为父母教育不当。磊磊天生调皮，如果父母能够及时引导孩子，教会孩子将玩具归类，在孩子做得好的时候给予适当的鼓励，在孩子做得不好的时候采取非打骂方式的小惩罚，相信这样就不会使孩子的性格缺陷朝着扩大的方向发展了。

每种性格中都有优点和缺点，作为孩子的家长，应该更多地看到孩子性格中的闪光点，并给予及时的肯定和公开的表扬，树立孩子的自信心。强化孩子的优点，能够让孩子知道自己这样做是会得到大家的赞赏的。对于孩子性格中的缺点，正面管教比打骂有效得多。如果经常打骂孩子，不管是哪种类型的孩子，他们都会产生叛逆心理。如果采用委婉的方式规劝，不过多地批评、指责，就可以弱化孩子不好的行为，引导孩子朝着好的方向发展。

认识孩子的性格，不仅仅需要认识性格表面，更需要了解孩子性格的内涵，促进孩子形成积极健康的心态，帮助他们改变性格中的不利因素。在孩子表现出其固有的性格时，家长应该及时称赞其长处。只有孩子按照其天性成长，他们才能感觉到快乐，才能对自己的生活与学习充满信心。但是，承认孩子的天性不是让家长把孩子培养成自己所期待的样子，而是帮助孩子激发其固化的潜能，发挥其性格中的优势。

尊重孩子性格，不盲目比较，不强制改变

就像世界上没有两片完全相同的叶子一样，世界上也不可能有两个性格完全一样的孩子。

人的性格是千差万别的，每个孩子都有与众不同之处。没有哪种性格比其他性格好，也没有哪种性格比其他性格差。无论是谁，来到这个世界上都是有价值的，所以我们应该认知每种性格的存在，也更应该接受每种性格存在的价值。作为父母，更要尊重孩子的性格，协助他们发挥出自己性格中的能量，不断激发他们的潜能。

如果家长只是一味地按照自己的意愿对孩子的性格以及行为进行管束，那么大多数情况下不但会适得其反，还会激发孩子的叛逆心理，导致孩子的性格朝着更加难以管教的方向发展。

尤其是将自己孩子的性格与别的孩子的性格进行比较，并强制孩子进行改变，更加会伤害孩子的内心情感。

明明的妈妈喜欢活泼开朗的孩子，可是明明却很内向，在班级里总是最默默无闻的那个。

这天，明明的妈妈和其他家长一起来参加幼儿园的家长公开课。明明的妈妈很期待明明能有一个好的表现。但是无论是老师的提问还是表演节目，她

都看不见明明举手。看到明明同桌莹莹表现得那么好，妈妈既着急又生气。

晚上回家的时候，妈妈问明明："今天在家长公开课上，你为什么不举手发言？老师叫小朋友上台去讲故事、唱歌你也不去，你看看你的同桌莹莹，不仅问题回答得好，就连故事也讲得像模像样……"

"我不喜欢上台表演节目，虽然我没有举手回答问题，但是老师的提问我都知道答案，我只是不想说。"明明小声地和妈妈解释。

"你要是再这样不懂得表现自己，妈妈就不喜欢你了，妈妈喜欢的是像莹莹那样的孩子。"妈妈赌气地说。明明听了妈妈的话，默默地走回自己的房间。

后来，明明不仅更加不愿意表现自己，还不和同桌莹莹说话了。从此原本就内向的他变得更加沉默了。

每个孩子都不喜欢父母拿别人家的孩子和自己做比较，因为在潜意识里，他并不想变得和谁一样，他更愿意遵循自己的内心。1号完美型孩子更是如此。他们尤其不愿意父母强制他们做改变，变成他们不习惯的样子。

案例中的明明不愿意表现自己其实并没有做错什么，只是他的性格让他不愿意像莹莹一样把自己知道的和懂得的东西都拿出来给别人看，这也并不代表他不优秀。

明明的妈妈想激发明明的上进心，想让明明变得和莹莹一样积极向上，但是用错了方法。如果这个时候明明的妈妈能够带着一份尊重和理解，不拿明明和莹莹做比较，而是尊重孩子的性格发展，并对孩子进行适当的激励和引导，相信明明可以变得更开朗。

家长只需要留心观察孩子的行为动机，就能够准确判断出孩子的性格属于哪一种。这个时候家长不能要求孩子按照自己想要的去发展与改变，不能将自己的愿望强加给孩子，更不能强制孩子改变性格。当父母将孩子与身边的其他人做比较，要求孩子变得和谁谁谁一样时，不仅不会让孩子的性格发生改变，反而会将孩子推进性格的陷阱。

家长需要做的是接受孩子的性格，适当调节自己的管教方式，这样才能让孩子性格中的潜能充分发挥出来。如果明明的妈妈告诉明明，"妈妈知道你也能回答出老师的问题，如果这个时候你能够把自己的想法和大家分享就好了"，或者是"如果你能将自己会唱的歌唱给别人听，知道的故事讲给别人听，那么一定会有更多的人喜欢你的"。这样，相信明明就会愿意去尝试着表现自己，敞开心扉。

良好的性格是这样界定的：活泼开朗、热情大方、坦率真诚、坚强勇敢、认真细致、自信独立，有协作精神，有活动能力，热爱学习、善于和他人相处等。每个人都知道上述的性格是好性格，但是家长不能把每个孩子都培养成这样的人，也不能强制内向的孩子变得开朗，这样会使孩子感到痛苦。

其实，每个孩子都具有与生俱来的天赋，家长需要做的不是以自己的想法和定义去塑造孩子的成功，而是应该给孩子充分的尊重、理解与支持，让孩子成为自己想成为的人。

因材施教，教育方法不能复制

每个孩子都有与别人不同的天赋、兴趣和个性，在这么多的性格特质中，总有一种或者几种是比较强的，也会有一种或者几种是比较弱的。只有根据孩子的性格特点，因材施教，才能做到扬长避短，获得良好的教育效果。

家长在这一过程中，需要观察孩子的性格类型，并且以他们所属类型的最佳发展方式来与他们相处，而不是试图改变他们的性格特质。如果家长不考虑孩子的性格类型以及孩子之间性格的差别，按照统一的标准或者是按照其他类型去要求孩子，就会使孩子的心理朝着不健康的方向发展。

花花和朵朵是一对双胞胎，但是性格却有着很大的差别。花花性格开朗，好胜心强，她喜欢被老师和父母表扬。她踏实、努力，每次小测试都想要得第一名。而朵朵是比较内向的孩子，她喜欢在自己的房间里画画，她对每天要穿的衣服都有自己的想法，不愿意和姐姐穿得一样。

在与两个女儿相处的过程中，妈妈发现花花喜欢受到大家的表扬，在受到表扬以后她会做得更好。而如果朵朵受到表扬，就会质疑自己，一定要妈妈说她具体哪里做得好才行。花花不喜欢受到批评，尤其是如果妈妈当着其他人的面批评她，她就会很难过。而朵朵不这样，就算是妈妈当着其他人的面批评她，她也不会觉得难过，反而会反省自己哪里做得不好。

知道了两个孩子的不同，妈妈在批评与表扬方面就会很注意，她从来都是当众表扬花花，而如果花花做得不好需要批评时，她会回到家中委婉地提醒花花。对于朵朵呢，妈妈会很关注她内心真实的想法，经常询问她的意见，对于她的优点，妈妈会给予肯定。

就这样，花花和朵朵各有所长，一个是幼儿园里的小歌手，一个是幼儿园里的小画家，妈妈和老师都为她们感到骄傲。

案例中的妈妈很尊重孩子性格的不同，并且对两个孩子采取不同的教育方式，因材施教，充分挖掘了孩子性格中的潜能。

家庭教育与学校教育、社会教育相比，其优势就在于能够将一般性的教育变为个性化、个别化的教育。这就说明，家庭教育更能够实现因材施教。因为家长是孩子的第一任老师，也是最接近孩子内心的存在，他们能够发现孩子性格中独特的部分，并采用孩子内心最能够接受的方法教育孩子。

这种教育需要家长的耐心与智慧，就像案例中花花与朵朵的妈妈一样，她能够看出两个孩子的不同之处，并能够思考用怎样的方式才能使孩子接受表扬与批评，并将此作为孩子成长路上的助力。

只有了解孩子性格上的不同，才能够根据孩子的个性、兴趣、爱好，进行循序渐进的教育。许多家长正是坚持因材施教，尊重孩子的个性发展，才帮助孩子走上了成功之路。

第二章

1号完美型：教孩子合理期待，戒掉完美主义情结

完美型的孩子通常对自己要求比较严格，因此常常会给自己施压。1号完美型孩子的家长需要帮助孩子释放压力，欣赏并表扬孩子的每次成功。

1号完美型孩子性格全解读

1号性格属于完美型性格。他们从小就严于律己，很容易表现出强烈的责任感。他们对自己要求很高，做什么事情原则性都很强。他们会在身边寻找有模范行为的大人，并以他们作为行为规范的标准，他们是规则的维护者。他们的性格特质中还有很多我们不知道的小秘密，就让我们一起来了解1号完美型孩子性格的全面特征吧。

1号完美型：循规蹈矩，自觉自发性高，讲求诚信、诚实与公正

〇核心价值观：追求完美、自律、严格、循规蹈矩、黑白分明。

〇外在特征：衣着整洁、物品整齐、外表严肃、走路规矩、腰板挺直。

〇行为习惯：细心、注重细节，有自己的行为规则。

〇性格优势：做事认真、细心、严谨，讲原则，懂礼貌，守规矩。

〇性格劣势：过于严苛，造成压力过大，钻牛角尖，不听他人的观点，过于按照自己的原则办事，过于严谨，不能够放手一搏。

〇性格陷阱：思想固执，习惯看到别人的错误，容易愤怒，不懂幽默，过于计较细节。

〇人际关系：对自己和别人要求都很高，渴望自己在他人心目中是完美的；容易与人发生矛盾，人际关系紧张。

○内心活动："我是乖孩子，我要严格要求自己"。

○心灵误区："如果我做了错事，大家就会不喜欢我了"。

○常用词汇："应该这样""你做错了""不""按照规则"。

○兴趣培养：音乐、美术、摄影、棋牌类。

1号完美型孩子的主要性格及行为特征

○他们有自己的生活规律，会按照自己规定的时间起床、刷牙、吃早饭，从来不需要父母督促他们。

○他们的房间总是很整齐，东西摆放都会有固定的位置。

○他们过马路从来都不会闯红灯，还会拉着身边的人让他们也不要闯，他们很遵守秩序。

○他们对自己的要求很严格，幼儿园老师布置的作业他们一定要完成得最好。如果做作业的时候写错了字，他们有的时候就会全部重新写。

○如果把事情交给他们负责，他们会非常重视，而且会全力以赴。

○他们很让人省心，都是做完了作业且检查没有错误之后才会出去玩，不然不论是谁叫他们出去玩，他们都不会去的。

○他们希望事情能够按照正确的方式完成，就像希望考试能够得到100分一样。

○他们希望自己和身边的小伙伴都能够达到相应的标准，如果没能达到，他们就会很纠结，甚至闷闷不乐。

○他们很诚实，也很正直，不会因为做错了事情而去撒谎。当他们觉得自己做错了，就会很自责，要是受了批评，他们就会很难过。

○他们有的时候会很在乎小伙伴们有没有做好，如果身边其他的小朋友没有按照要求去做，或者没有把事情处理好、不负责任，他们就会感到非常生气，有的时候还会批评那个小伙伴。有的时候，父母会为他能不能交到好朋友而担忧。

万事不苛求，只要尽力就好

完美型孩子本身就会对自己要求很严格，他们从心里对完美有一种执着的追求。因此，他们常常挑剔自己，甚至会对自己很苛刻。一旦达不到自己心中的期望，他们就会表现得很失落，对事情提不起兴趣，没有信心再去尝试，甚至会自暴自弃。

在出现这种情况后，家长需要如何做才能帮助孩子从失落中走出来，并且重拾信心呢？

媛媛是幼儿园里最认真、最努力的孩子，父母都为她感到骄傲。可是这几天，妈妈却发现媛媛总是闷闷不乐的。

原来，幼儿园为了六一儿童节文艺会演在准备节目。媛媛将和其他几个小朋友一起跳一支舞蹈，可是在最近的练习中，媛媛觉得自己没有做好。她还和老师说自己不想参加文艺会演了，老师鼓励她也无济于事，实在不知道怎样才能让媛媛不那么苛求自己。

媛媛的妈妈想了想，向老师要来了舞蹈表演的音乐和视频，想要帮助媛媛一起克服困难，重新获得信心。

晚上回到家以后，妈妈把媛媛叫到身边，问："媛媛，你们老师和我说你跳舞跳得特别棒，你可以跳给妈妈看看吗？"

媛媛摇了摇头："可是，我觉得自己跳得一点儿都不好。"

妈妈安慰她："那你跳一次给妈妈看看你哪里跳得不好，我们一起练习，然后儿童节时穿上漂亮的裙子跳给大家看，好不好？"

媛媛想了想，答应了妈妈。妈妈发现，媛媛其实跳得很不错了，只是有一个地方总是踩错拍子。于是，妈妈安慰媛媛："妈妈发现你跳得很好，只是有一个地方容易跳错。但是你不要为了小错误而沮丧，你要知道，偶尔的小错误并不算什么，就算是舞蹈家也会有失误的时候，只要你尽力了就是最好的。妈妈陪着你一起练习，克服这个小困难，你还是最棒的。"

媛媛听了妈妈的话，笑着点了点头。后来，媛媛通过和妈妈一起在家里反复练习，终于熟练地掌握了这支舞蹈。最终，媛媛不再沮丧，而是充满信心地参加了文艺会演，还得到了大家的赞赏。

1号完美型孩子在生活和学习上都特别努力，他们想要做到最好，但是有的时候他们会因为自己的某一个地方，有时甚至是很细小的地方出现错误而苛求自己，失去前进的动力和信心。

　　这个时候家长不能再要求孩子做到怎样的程度或者是必须达到什么样的要求，否则会使他们压力很大，最后他们就会放弃，甚至是自暴自弃。

　　像案例中的媛媛，其实她对自己要求很严格，因为自己的小错误而沮丧，这个时候如果妈妈还要求孩子一定要跳得最好，或者是放任孩子放弃，就会使孩子更加难过。像媛媛的妈妈一样，不苛求媛媛，告诉她只要尽力就是最好的，这样就会使媛媛明白，世界上并不是所有的事情都能达到尽善尽美，只要我们通过自己的努力不断克服困难，就是最棒的。

　　当1号完美型孩子表现得不够完美，或者做错事情的时候，最忌讳的就是完全否定他们，认为他们什么都做不好，这样会使孩子过分在意自己的不足之处。原本1号完美型的孩子就很害怕做错，会因为自己的过错而愧疚不安。此时，父母应该给予他们适当、及时的安慰，鼓励他们从失败中吸取经验，告诉他们"偶尔的小错误并不算什么""只要你下次注意就好了""克服了困难，你还是最棒的"等话，这样就会将孩子从失败的沮丧中解救出来，重新获得信心以及继续努力的目标和动力。

　　当然，1号完美型的孩子是很有自己的规则和见解的，作为父母，在给予鼓励和建议的过程中，要先尊重孩子的看法和心情，然后再提出自己的意见。如果这个时候孩子不想遵循家长的意见，也不要马上要求孩子必须按照你的意见去做，可以给孩子思考和尝试的时间。当孩子明白了究竟应该怎样做才是最好的，他们就会走出自己追求完美的心理误区，获得重新开始的勇气。

帮助孩子放松心情

1号完美型孩子都会对自己设立目标，并且一直朝着这个目标努力。他们常常会这样想："如果我再努力一些，爸爸妈妈就会以我为骄傲。""如果我考试考了第一名，老师就会注意到我，并且表扬我。""如果我能够遵守规则，保持井然有序、严格遵守纪律，那么大家就会喜欢我。"

他们有的时候会给自己设定很高的标准，并且严格遵守。随着他们一天天地长大，他们会逐渐发现，对于目标的追求以及对于规则的遵守并不是他们想象的那样，也没有发挥出预期的效果。

在这种情况下，他们就会开始怀疑自己，久而久之就会造成较大的心理压力，不利于身心的成长。

晨晨在老师眼中是最优秀的孩子。他每次做作业都不会出现错误，上课也很积极，尤其是英语学得最好，每次老师都会让他做朗读示范。晨晨还严格遵守学校的每项规定，该吃午饭的时候从来不拖沓，就算有自己不喜欢吃的青菜他也不会浪费，会很努力地吃完。到了午睡的时间，他就乖乖躺在床上，不哭也不闹。

可是好景不长，班级里来了一个混血小朋友，他可以说很流利的英语，会的词汇也很多，之后每次上英语课老师都会让他领读。这让晨晨感觉到压力很大，他想要做到最好，但是混血小朋友的优势是他没有的。晨晨越来越沉默，有的时候甚至会出现情绪暴躁的状况。

渐渐地，他的作业开始出现错误，也会拒绝吃自己不喜欢吃的蔬菜，午睡的时候还会偷偷溜出去玩，老师也不知道晨晨为什么会发生这样的变化。

妈妈知道这个情况以后，把晨晨叫到身边问他："晨晨，你是不是有什么不开心的事情？为什么不愿意认真做作业了呢？"晨晨低着头小声地说："就算我再努力，在老师心目中也不是最好的，老师都不让我领读英语单词了。我觉得心里很不舒服。"

妈妈知道晨晨是因为压力太大导致产生了厌倦心理，于是妈妈对晨晨说："你的英语没有新来的小朋友读得好没有关系，可是你作业做得比他好，也比他遵守学校的规定呀。"

晨晨没有说话，妈妈也没有强迫晨晨学习。妈妈找来了英语原声的动画片放给晨晨看，晨晨渐渐放松下来，也愿意重新拾起对英语的兴趣，开开心心地读了起来。妈妈还和老师做了沟通，希望老师能够也给晨晨领读的机会。就这样，晨晨慢慢又变回了原来那个优秀的孩子了。

1号完美型孩子十分认真，当他们的规则被打破，或者他们的地位被改变，让他们觉得自己不再是老师和家长最喜欢的孩子，他们就会给自己施加很大的压力。久而久之，他们就会产生厌倦的心理，变得自暴自弃，虽然想做好每一件事，但是这种经过努力依然不能达到预期的感觉会使他们深深怀疑自己。

这个时候有的孩子会十分较真，把所有的精力都放在自己想要完成的事情上，使自己变得很疲惫。还有的孩子就会像案例中的晨晨一样，给自己太大的压力，从而厌倦规则，也放弃对规则的遵守。当出现这种情况的时候，作为家长不能嘲笑孩子，也不能放任孩子的放弃，可以用其他方式缓解孩子的压力，帮助孩子放松心情。诸如像晨晨的妈妈一样放动画片，或者讲故事，也可以引导孩子发挥原有的幽默感，遇到事情朝正面看。

　　还可以教孩子把自己能控制和改变的事情与不能控制和改变的事情列成清单，如果是不能改变和控制的，就不要过多地考虑，这样孩子的压力就会减轻不少。培养孩子的兴趣也是一个放松心情的好办法，告诉孩子学习不是人生的全部，朋友、兴趣也同样重要。陪着孩子一起参加他们感兴趣的娱乐项目，也可以帮助孩子放松心情。

　　与1号完美型孩子最好的相处方式就是孩子与家长之间要尽量放轻松，让孩子感受到父母的疼爱与关注，感受到家庭的温暖与甜蜜，让孩子能够主动说出自己的烦恼。这样就会使孩子从郁闷中迅速解脱出来，让孩子真正把家当作释放压力、缓解心灵紧张的净土。只有这样，孩子才愿意打开心扉，主动释放压力，放松心情，健康快乐地成长。

与孩子一起掌握批评的艺术

1号完美型孩子不仅对自己严格要求，对待身边的人也会严格要求。如果身边的小伙伴不遵守规则，他们就会指责他；如果小伙伴做错了事，他们也会批评他。如果父母不遵守规则，他们也会说父母做得不好。

这样的性格很容易使孩子交不到知心朋友，也很容易让孩子失去已有的小玩伴。

恒恒从小就特别遵守规则，他过马路从来都不闯红灯，如果和父母一起过马路，父母想要闯红灯，他就会拦住他们，并大声地告诉他们："闯红灯是

不遵守交通规则的行为，你们这样做是不对的，必须等到绿灯才能过！"恒恒小大人的模样总是让父母觉得很可爱。

新学期到了，恒恒成了班级里的纪律班长。以前一到傍晚就会有小伙伴叫恒恒出去玩，可是最近叫恒恒出去玩的小伙伴越来越少了。妈妈意识到恒恒的人际关系出现了问题，经过观察，妈妈发现恒恒总是喜欢批评身边的小伙伴。

在学校，当小伙伴做值日不认真的时候，他就会大声指责小伙伴，"你做值日不认真，你是坏孩子"；当小伙伴上课聊天时，他就会拿小本子把他们的名字记下来，报告给老师；当小伙伴做游戏动作慢，他也会责怪他们；甚至就连小伙伴们粗心大意，他也会批评他们笨手笨脚。渐渐地，大家都不愿意找恒恒玩了。

知道了原因，妈妈把恒恒叫到自己的身边。恒恒似乎也发觉了什么，低着头不说话。妈妈告诉恒恒："恒恒，你遵守规则，想把每件事情都做得尽善尽美，这样没有错，可是你不能要求所有的小伙伴都和你一样啊。当小伙伴做值日不认真时，你可以提醒他们，但是不能责怪他们，他们也不是故意偷懒的。如果小伙伴做得不好，你还可以帮助他们，但是如果你总是批评、斥责你的好朋友，他们就不愿意和你玩了。你想一想，如果你的好朋友总是批评你，你是不是也会不开心？"

听了妈妈的话，恒恒明白了自己做错的地方。从那以后，他很少斥责身边的小伙伴，而是帮助小伙伴规范他们的行为，用小声提醒和善意鼓励代替大声批评。他还会等动作慢的小朋友赶上来，帮助粗心的小朋友纠正错误。这样一来，恒恒成了班级里最受欢迎的孩子，小朋友都愿意和恒恒一起玩，恒恒也越来越自信了。

恒恒属于1号完美型孩子，因为对追求完美以及遵守规则的执着，所以会经常挑剔、批评他人。如果任其发展下去，他就会受到其他孩子的疏远。对于这样的孩子，父母不能单纯批评孩子这样做是不对的，而是应该像恒恒的妈妈一样，教会孩子换位思考、宽容他人，告诉孩子不能要求每个小朋友都像自己一样把什么事情都做得尽善尽美，这就是批评的艺术。

对于完美型孩子，就算是他们做错了，家长在批评的时候也必须注意自己的态度。家长应该意识到，即使是完美型的孩子也会出错，并把错误当成是他们积极进取的一种表现，所以应该教会孩子换位思考，而不是一味斥责孩子"这样做是不对的"。如果对完美型孩子一味斥责，就会给孩子造成过大的压力。

同时，1号完美型孩子喜欢批评人，对于自己看不惯的行为总是忍不住想要说些什么。这就需要家长教会1号完美型孩子批评的艺术，防止孩子出现人际关系危机。

要让孩子以称赞和真诚的欣赏作为批评的开始。对于1号完美型孩子，他们更习惯看到身边人的不足之处，而忽略他们的优点。这个时候应该教会孩子在发现和批评别人的缺点之前，先看到对方做得好的地方，在称赞对方的优点之后再提醒对方哪里做得不好，这样不仅能够使自己学习到身边人的优点，还能够使对方欣然接受建议。

家长要告诉孩子，在指出对方过错的时候不能过于直接，应该用间接提醒代替正面斥责。对小朋友正面斥责，很容易让对方感到羞愧和愤怒，这样就会影响两个人的友谊。委婉的提醒同样能够让小伙伴明白他们做得不好的地方，如果还能及时地给予帮助，就会使小伙伴欣然改正不足并对对方充满感激。

还要让孩子知道，在批评他人之前应该先看到自己的不足。如果要批评他人，可以先说出自己的不足之处，这样就能够拉近双方的距离，对方也不会觉得是在指责他。

家长是孩子的表率，不要总是挑孩子的毛病，也不要总是在孩子面前批评其他孩子或者是抱怨他人的不足。如果是不得已的批评，也要注意批评的措辞，对事不对人，最重要的是教会孩子拥有积极的心态，学会换位思考，能够宽容他人的错误。

消除孩子畏难情绪，积极面对挫折

1号完美型孩子由于追求完美，经常会选择自认为一定可以做好的事情去做。对于自己觉得困难的事情，他们会退缩，不仅保持一种否定的态度和抵触情绪，还会进行逃避，迟迟不采取行动。

完美型孩子之所以会产生否定态度和抵触情绪，是因为他们考虑的是能不能把事情做得完美，考虑会出现什么样的困难。考虑得多了，就会不想去做。

妈妈发现美美喜欢重复地做同一件事情，并且对于新鲜事物总是接受得很慢。

美美过4岁生日的时候，爸爸给美美买了一套新的积木，比之前美美玩的那种难拼接一些。美美虽然很喜欢，但是并没有像其他孩子那样看到新玩具后马上去尝试，而是依旧玩着自己早已经会拼的旧积木。她把旧积木搭好后，又推倒重新搭，这样反反复复，乐此不疲。

后来妈妈发现，美美对幼儿园新开设的水粉画课程也十分抗拒，她只愿意用水彩笔和蜡笔画画，让老师感到很头疼。

妈妈将这两件事结合起来，发现美美是对新事物产生了畏难情绪。于是，妈妈把美美叫到身边，问："美美为什么不喜欢画画呢？"美美小声地回答妈妈："我不是不喜欢画画，只是不喜欢用水粉画，我已经会用水彩笔和蜡笔画画了。"妈妈想了想又问："那美美不喜欢用水粉画画和美美不想玩新积木，是不是都是因为美美觉得自己已经能够用一种方法做好一件事，所以不愿意尝试新的方式呢？"美美想了想，点点头说："我怕自己用不好水粉，我怕自己不会搭新积木。"

妈妈想要帮助美美克服这种畏难情绪，于是拿来了爸爸买的新积木，对美美说："妈妈和你一起搭积木，好不好？新积木搭的城堡会比旧积木搭出来的城堡好看哟。"美美一开始还有一些抗拒，但是看着妈妈搭出来的城堡真的很好看，便高兴地和妈妈一起学习搭建新积木的方法。妈妈还用同样的办法让美美接受了用水粉画画，并教美美怎样用蜡笔和水粉结合画出漂亮的画。

1号完美型的孩子由于追求完美，想要把万事都做到最好，因此常常在头脑中想象尝试新事物可能会遇到的困难，这样就会使他们产生畏难情绪。出现这种情况后，家长必须帮助孩子消除畏难情绪，让孩子在克服困难的过程中不断成长。

怎样判断孩子是否出现畏难情绪呢？常见的畏难情绪主要有以下表现：不愿意做某件事，没有主动性；对自己即将做的事情充满怀疑，没有信心开始；对于家长或者老师交代的事情迟迟不做。

当孩子出现以上情况的时候，就可以判断孩子是对某件事情产生了畏难情绪。对于孩子的畏难情绪，如果不加以引导，孩子就会变得懒惰，遇事习惯性逃避，甚至还会对家长产生依赖心理，需要家长出面才能解决问题。这对于孩子的生活与学习都是很不利的。

同时，畏难情绪与自信心是相对的。有了畏难情绪就代表孩子对某件事失去了信心，发展到日后就会变成遇到难题就逃避，不利于孩子的身心发展。

当孩子出现畏难情绪时，家长可以采取以下措施，消除孩子的畏难情绪。

首先，家长需要改变孩子的观念，而不是强制孩子面对他们不想面对的事情。家长要为孩子做表率，要耐心帮助孩子分析问题，告诉孩子他们可以完成，也可以完成得很好，从而变强制孩子学习为启发孩子学习，促使孩子接受家长的帮助和教育。如果孩子对于新事物比较陌生，家长完全可以像案例中美美的妈妈一样给孩子做示范，让孩子产生兴趣，慢慢接受并重新获得信心。

其次，家长还需要调动孩子的积极思维，加强对孩子情感、意志等心理品质的培养。与此同时，还要加强对孩子兴趣的培养，让孩子保持对新事物的热情，从而主动尝试新事物。只有孩子愿意去做，才有做得好的可能。

最后，家长可以与孩子一起制定目标，让孩子在不断实现目标的过程中树立信心。要注意的是，家长为孩子制定的目标必须合乎孩子的实际水平，让孩子有逐步实现目标的成就感，而不能让孩子产生挫败感。

家长必须要让完美型的孩子明白，无论做什么事情，都会遇到困难。但是，有困难的事情才有成就感，才有挑战性。要让孩子知道，只要他们能够积极行动，他们所预想的困难都是可以克服的，甚至是不会出现的，如果在实际情况中真的出现困难，家长和老师都可以帮助他们。

理解孩子世界的规则，给孩子自由成长的空间

在孩子的世界里总是有他们自己的规则，尤其是对于1号完美型孩子来说，他们从很小的时候就开始为自己的生活、学习，甚至是游戏制定详细的规章制度。尽管这种规章制度在家长的眼中有时是很幼稚的，但是对于1号完美型孩子来说却是他们必须遵守的准则。

家长要想做1号完美型孩子成长中的好朋友，与完美型孩子进行心与心的沟通，就必须理解并尊重完美型孩子世界的规则，主要包括：尊重孩子的私人空间，不在孩子做事情的时候打断他们，不干涉、破坏孩子制定的合理规则，不强制改变孩子的规则。

如果家长强制改变孩子的规则，或者打破完美型孩子的规则，就会使完美型孩子产生逆反心理。

鹏鹏的妈妈是特别爱操心的家长，她总是担心鹏鹏在家里调皮捣蛋，也担心鹏鹏在幼儿园里受到其他小朋友的欺负，因此对鹏鹏干涉得很多。

其实鹏鹏很懂事也很听话，他做事很有条理。鹏鹏总是自己把房间收拾得很整齐，但是妈妈担心鹏鹏的东西乱放，所以总是帮助鹏鹏重新整理。对于妈妈这样按照自己的想法整理，鹏鹏感觉很生气。

鹏鹏对时间分配也有自己的安排，他规定自己每天饭后先看半个小时的

动画片再去写作业，可是妈妈偏偏要他吃完饭马上去写作业，鹏鹏为此闷闷不乐。

鹏鹏是个细心的孩子，特别喜欢观察小动物。他喜欢看花坛里面的小蚂蚁，有的时候会看得聚精会神，一看就是半个小时。妈妈为此感到很生气，每次都责怪鹏鹏把时间浪费在没用的事情上，还不让鹏鹏靠近花坛，怕他把衣服弄脏，鹏鹏感到很委屈。

在和其他小朋友做游戏时也是一样，鹏鹏把玩具输给了小朋友，妈妈就让鹏鹏去要回来。鹏鹏跟妈妈解释他也赢过其他小朋友的玩具，但是妈妈觉得自己的孩子受到了欺负，还找对方的妈妈去理论。鹏鹏再也忍受不了了，冲着妈妈大喊："妈妈，我讨厌你，我不要你管我。"

妈妈也觉得很迷茫，自己明明是为了孩子好，为什么会遭到孩子的讨厌呢？

每一个完美型孩子，在自己的世界里都有一套规章制度，想要有自己的空间，不希望自己的空间被占据，也不喜欢自己的规则被打破。尤其是完美型的孩子通常比较细心，就连练习册的书角折了页都会让他们觉得不舒服，想要弄平整，一些细小的事情更会引起他们的观察和探究，这就需要家长给予孩子更多的私人空间，让孩子按照自己的规则健康成长。

孩子的私人空间主要包括生活空间和心理空间。

从生活空间方面来说，1号完美型孩子很爱整洁，物品的摆放也很整齐。对于自己的物品，他们喜欢按照自己的方式摆放，他们认为××东西就该放在××位置，如果他们发现这些东西位置错乱，就会感到很烦躁。所以他们不喜欢父母帮助他们整理房间，更不喜欢父母改变他们房间物品摆放的位置。因此，家长最好能够尊重孩子这种性格上的需求。

从心理空间方面来说，家长不能一味按照自己的标准要求孩子，不尊重孩子自己的规划。如果给孩子制定太多的规矩和框架，并过多地干预孩子，就会使孩子感觉不舒服，甚至产生叛逆心理。同时家长必须明白，孩子的世界和成人的世界有很大的不同，孩子之间有他们自己的游戏规则，如果强加干涉，破坏这种规则，就会使孩子很难过。

像案例中鹏鹏的妈妈，虽然她是为了鹏鹏好，但是她应该给鹏鹏自己的空间，打破孩子的生活空间与心理空间自然会造成孩子的不满，久而久之就会使孩子在心理上疏远家长，使孩子变得不愿意与家长沟通，甚至故意做出违背父母意愿的事情。

因此，鹏鹏的妈妈需要做的是理解孩子世界的规则，尊重孩子的私人空间和时间守则，给予孩子观察这个世界的时间，让孩子和小伙伴们按照他们的方式玩耍，给孩子一个自由成长的环境。

与1号完美型孩子相处小秘诀

与1号完美型孩子的相处禁忌及调整方式

○不要将孩子放在规矩的条条框框里。1号完美型孩子原本就会给自己制定很多规则，如果家长再为他们制定规矩，就会限制他们的成长。建议家长引导孩子参加校园里的公开活动，或者是兴趣班，让1号完美型孩子的思维更灵活，激发他们的创新思维。

○如果不能兑现承诺，就不要向1号完美型孩子许诺。家长在和1号完美型孩子进行沟通时，尤其需要注意，在做出承诺之前一定要仔细考量是否能够做到，如果不一定做得到，就不要答应孩子。对于1号完美型孩子来说，如果家长没有言出必行，在他们心目中家长就会失去标杆形象，并且再难树立。建议家长认真对待孩子，不能敷衍孩子，也不要轻易承诺，尤其是在1号完美型孩子面前。

○不要公开批评1号完美型孩子。1号完美型的孩子在出现错误的时候，会对自己产生很强烈的自责感，这个时候如果家长还在众人面前对其进行严厉的批评，就会使孩子对外界的事物过分挑剔。建议家长在事后引导孩子改正错误，并多选择使用具有正面意义的词语鼓励孩子，引导孩子朝着积极正确的方向去思考问题。如果家长可以对孩子说"你已经做得很好了""爸爸妈妈知道你已经尽力了，你很棒""下一次你会做得更好"这类的话，相信孩子会很容易放下负担，继续努力前行。

○不要拒绝和1号完美型孩子沟通。对于1号完美型孩子来说，家长其实不需要过多担心他们的行为，反而更加应该注意孩子的心理以及孩子的内在思考能力。建议家长多与孩子进行对话交流，彼此交流想法，引导孩子说出自己对事物的看法和感受，并加以引导。

如何打开1号完美型孩子的心扉

○对1号完美型孩子说话要温和，尽量放缓语气，并且告诉孩子你只是提供你的看法作为参考而已，希望他们能够表达自己的想法。还要告诉他们，你很愿意与他们一起想出解决问题的方案或者是一起为一件事情做决定，这样才能让孩子说出自己内心真实的想法。

○请1号完美型孩子对家长提出自己的意见。这么做是希望引导孩子转移注意力，放下对自己和对他人的高标准，从而看到他人做得好的地方。

○当给1号完美型孩子交代任务的时候，一定要告知希望他们做到什么样的程度，并询问他们是否能够做到，不然有可能会使1号完美型孩子感到压力沉重。

○如果1号完美型孩子做了很棒的事情，可以表扬他们，并请他们讲出自己是怎样做到的。这样就可以引导1号完美型孩子敞开心扉。

如何让1号完美型孩子更有效地学习

○1号完美型孩子很注重细节，在学习的过程中很容易被小事情干扰。1号完美型孩子对事物的敏感是自动自发的，他们在决定做某件事的时候会马上采取行动，但是父母会发现他们耗费的时间却比别的孩子长。

这是因为注重细节的人格特质会让1号完美型孩子为了得到更好、更完美的效果，不得不多花费更多的心力。

例如在做作业的时候，即使很早就把作业本拿出来，1号完美型孩子有的时候会因为担心写不好，所以下笔很慢，或者是因为写错而撕掉重写，有时还会为了找丢失的橡皮而浪费时间。

因此，在学习的过程中，如果出现突发状况或者是在环境混乱、不整齐的情况下，都会影响1号完美型孩子的学习效率。这就需要父母尽量帮助孩子营造一个相对舒适、整齐的学习环境，并帮助孩子发现他们做得好的地方，而不是专注于不完美的小失误。

○1号完美型孩子对自己要求过高，有时候会耽误进度。对于1号完美型孩子来说，将一件事情仔细琢磨钻研，然后把它做好，会让他们感到很有成就感。但是如果让他们做大量机械性的作业，要他们赶时间糊弄了事，他们就会觉得很生气。

例如写作文的时候，1号完美型孩子会纠结自己的词语用得恰不恰当、这个字眼别人能不能理解，他们还会要求自己字迹工整，不能有错别字。如果出现小毛病，他们就会重新写。

这就使完美型的孩子由于对自己要求过高而导致学习效率不高。

这时就需要父母鼓励孩子体会和思考他人的感受，试着揣摩他人的需要，而不是执着于对高标准的追求。

○1号完美型孩子担心自己没做到最好，有时会造成压力过大。1号完美型的孩子是很热爱学习的，但是他们内心往往会担心自己做得不够完美、不够正确，因而给自己过大的压力。

例如当完美型孩子遇到开放性作业，没有标准答案的时候，他们就会做出很多种假设，也会提交很厚的报告，因为他们担心自己做得不够周全，也担心自己没有把全部的情况都考虑到。

这就需要父母帮助孩子缓解压力，帮助他们看见除了他们心中最好的做法以外，还可以告诉他们通过哪些方式一样可以达到目标。

如何塑造与1号完美型孩子完美的亲子关系

○让孩子尽力做就好。告诉1号完美型孩子，就算是爱因斯坦在小的时候也没有做出完美的小板凳，但是只要他一次比一次做得好，最后一次仍然做得不完美也没有关系。重要的是尽力就好。

〇化解孩子的自责心。告诉1号完美型孩子，不要因为自己做错了事情而过分地自责。应该学着放下错误朝前看。

〇教孩子接纳自己的缺点。给孩子做好敢于承认自己缺点的榜样，对于缺点可以改正和避免，重要的是接纳不完美的自己。

〇告诉孩子不要苛求完美。1号完美型孩子常常因为苛求完美而背负各种各样的压力，教会孩子放下对完美的执着显得尤为重要。

〇尊重孩子的世界。不干涉孩子世界的规则，陪伴孩子快乐成长。

1号完美型孩子最想听的一句话

"你已经做得很好了，你很棒！"

第三章

2号给予型：肯定孩子的付出，保护孩子不受伤

2号给予型孩子温柔善良、乐于奉献，但比较软弱，不懂得表达自己内心真实的想法。因此，2号给予型孩子的家长需要鼓励孩子的善良，并教会孩子处事的原则。

2号给予型孩子性格全解读

2号给予型的孩子在大家眼中就是善良的小天使，他们温柔懂事，乐于助人，喜欢把自己的东西分享给他人。他们内向沉静，惹人疼爱，是关心、帮助他人的小天使。他们的性格特质中还有很多我们不知道的小秘密，就让我们一起来了解2号给予型孩子性格的全面特征吧。

2号给予型：乐意助人，喜欢奉献，具有同情心

○核心价值观：认为自己的责任就是帮助他人，愿意不断付出来满足他人的需要。看到别人因为自己的帮助而接受、喜欢、感激自己，他们才会觉得自己有价值。

○外在特征：温和，喜欢微笑，给人一种温暖的感觉；说话温声细语，不会大声斥责别人；天真烂漫，有一颗长不大的心。

○行为习惯：压抑自己的需要，不惜以牺牲自我的方式讨好他人；有时会为了得到而付出。

○性格优势：心地善良，有同情心，慷慨大方，容易让人亲近、信任。

○性格劣势：有时会产生嫉妒心，小心眼，过于看重别人对自己的看法，没有进取心、软弱，忽视自己的诉求。

○性格陷阱：不懂拒绝，好管闲事，占有欲强，忽视自己的心声，不关注自身发展。

○人际关系：想要得到每个人的喜爱，如果自己付出了情感和努力却没有得到回报，就会觉得很受打击；是很好的聆听者，愿意帮助别人解决各种困难；习惯安慰别人；一起游戏的伙伴很多，但是可以说心里话的人很少。

○内心活动："我比别人拥有得多，别人需要我的帮助"。

○心灵误区："如果我不帮助别人，只考虑自己，就不会得到别人的爱和关注"。

○常用词汇："让我来""你需要帮忙吗""没关系""没问题""好的""你觉得呢"。

○兴趣培养：数学、物理实验、手工制作、体育运动、户外训练。

2号给予型孩子的主要性格及行为特征

○他们很敏感，能够感知身边人的情绪变化，并主动关心身边人的感受和心情。遇到需要帮助的人，他们会主动帮助。

○他们希望能够结交很多好朋友，会尽力维持和同伴之间的和谐关系。

○他们很容易奉献自己，很多情况下不是不懂得拒绝，而是不忍心去拒绝任何人的要求。但是如果一味地被别人支配，他们也会觉得很委屈，因为其实他们只是单纯地希望自己能够帮助别人。可是当自己需要帮助时，他们反而会默默地，不知如何开口。

○当他们觉得自己被忽视时，就会感觉这个世界上没有人爱他们。

○他们从小就很懂事，也很孝顺，会帮助家长做力所能及的家务活，也会热心地帮助别人。当他们觉得自己无法为别人提供帮助的时候，就会觉得很难过。

○他们本性善良，乐于助人，所以人缘很好，有很多好朋友。

○他们会把别人的事情放在前面，有的时候会忘记自己的需要。

○他们有的时候会有很强烈的嫉妒心理，还会有点儿小心眼。如果别人不看重他们，他们就会很生气。

○他们总是怜悯身边人的处境，希望可以施与帮助。如果看到乞丐，他们会把自己的零花钱给乞丐；学校里组织给贫困小朋友捐款捐物，他们会很积极。

○他们特别有同情心，就算是在电视剧里看到有人遭遇不幸，他们也会觉得很伤心，甚至还会落泪。

○他们往往很容易亲近，不管是熟悉的人还是陌生人，他们总会热情对待。

教会孩子说"不"

2号给予型孩子在与同学、朋友相处的过程中会给予别人更多的关心，不轻易对别人说"不"。即使在影响到自己的情绪或者是影响到自己正常学习的情况下，还是会选择站在别人需要的角度思考问题，这样往往会自己觉得身心疲惫。

但是如果孩子拒绝别人，他们就会担心自己会不会失去朋友或者得不到他人的认可，这可能与家长的教养不得当有关。

在妈妈眼里，形形一直都是一个乖巧听话的好孩子。小的时候妈妈喂形形吃饭，有的时候形形吃饱了，或者胃口不好不想吃，妈妈就会劝形形："乖，形形，再吃一口吧，吃多点就能长得更高。"形形听了就会乖乖把饭吃完。当形形在外面和小朋友玩泥巴时，妈妈看见就大声叫形形："形形，你看你把衣服弄脏了，你再这样妈妈就不让你出去玩了。"久而久之，形形便更加遵从别人的意愿行事，不懂得拒绝了。

上了幼儿园以后也是如此，形形经常觉得很委屈。这一天，形形从幼儿园回来就哭了起来，妈妈问她发生了什么。形形泪汪汪地说："妈妈，今天上美术课的时候，我被老师批评了，因为我没有油画棒涂色。"

妈妈很疑惑："不是前两天才给你买的新油画棒吗？怎么会没有呢？"

经过妈妈的追问，彤彤解释了事情的原委。原来，在上美术课之前，彤彤的小伙伴晶晶看到彤彤的油画棒是新的，就向彤彤借油画棒。彤彤不想借给晶晶，因为这样的话自己在美术课上就没有油画棒可以用了。可是，如果不借给晶晶，彤彤又担心晶晶会生气，会不找她玩了。正当她不知如何是好时，晶晶就把彤彤的油画棒拿走了。

上美术课的时候，晶晶也没有把油画棒还给彤彤。彤彤想把油画棒要回来，但是她不好意思开口，她怕自己要回油画棒，晶晶就没有油画棒涂色了。就这样，彤彤交上去一张没有涂色的画，被老师批评了，彤彤觉得很委屈。

妈妈听了，只是责怪彤彤傻，说彤彤不懂得为自己着想，彤彤更难过了。

对于2号给予型孩子来说，他们原本就乐于助人、善解人意，为了赢得他人的喜欢常常做一些自己并不想做的事情。对于这类孩子，家长应该理性教育，明白孩子内心真正的想法。要让孩子知道自己不愿意做的事情，就不要为了使他人高兴而勉强自己去做，要学会说"不"。而不是像彤彤的妈妈一样，使孩子变得更不懂拒绝。

案例中彤彤的妈妈觉得彤彤乖巧听话，就用软硬兼施的办法让孩子按照妈妈的意愿做事。在这样的教养环境下，彤彤自然就会养成乖乖听话的习惯，失去表达自己意志的能力，因为这样的教养方式会让他们觉得，自己一旦拒绝要求就会失去别人的喜爱。长此以往，他们明明知道自己不愿意，也会按照他人的意愿行事，不会拒绝。其实，让孩子能够表达自己的意志比让孩子乖乖听话更重要。家长只有理性看待2号给予型孩子的诉求，才能让他们健康成长。

还有的家长经常让自己的孩子满足他人的要求。比如当有其他小朋友来家里做客时，家长总是要求孩子满足小客人的需要，把自己也想玩的玩具让给小客人。这样做虽然能让孩子显得有教养，但是剥夺了孩子的自主权利。其实，在孩子与其他小朋友交往的过程中，能够学会有效地拒绝别人，也学会友好地与他人相处，比一味地遵照别人的想法行事更重要。

对于2号给予型孩子，家长要告诉他们，不要让自己勉为其难，要学会委婉地拒绝别人，向他人说出自己的真正想法。力所能及的事情自己做，但是如果真的碰到自己解决不了的问题，也要及时向他人求助。顾及他人的感受固然重要，但是也要学会关心自己，做自己喜欢的事情同样重要。要让孩子懂得，就算是拒绝别人也不会失去朋友，因为真正的朋友一定会理解你的真正感受。即使没有人认可，你能够做自己，也是很优秀的。

消除"雨伞效应"，保护孩子的善良

2号给予型孩子最显著的优点是温和善良、乐于助人。可是他们的内心也很敏感，他们希望大家能够认可他们的帮助。如果一直得不到认可，或者他们的努力与付出得不到回报，就会产生"雨伞效应"。长此以往，孩子就会变得偏激。

壮壮在幼儿园里很受大家喜欢。可是爸爸发现最近的壮壮有点儿不对劲，从幼儿园回来他总是闷闷不乐的。就在壮壮生日的那天，爸爸给壮壮买了一个大蛋糕，还买了壮壮一直想要的玩具送给他。可是壮壮还是不高兴。

于是爸爸把壮壮抱进自己的怀里，问壮壮，"你怎么这几天都闷闷不乐的呀？"不问还好，一问壮壮竟然委屈得哭了起来："爸爸，每当我的小伙伴需要帮助的时候，我都尽自己最大的努力去帮助他们，他们的生日我也都记得。可是我过生日却没有人来祝福我。昨天我帮瓜瓜做值日，老师表扬了我，说瓜瓜没有我做得好。瓜瓜说我多管闲事。我再也不想帮助他们了。"

爸爸问壮壮："那你有提醒小朋友今天是你的生日吗？"壮壮摇了摇头。爸爸又问："那瓜瓜有没有请你帮他做值日呢？"壮壮又摇了摇头。

爸爸笑了笑："壮壮，你要知道，你帮助别人不应该是为了回报。爸爸很欣赏你的善良和热心，你是一个令人喜欢的好孩子，小朋友也喜欢你。但是你不能要求每个人都理解你的想法，你要主动说出你心里的想法。"

壮壮听了爸爸的话似乎明白了什么，他马上给小朋友打电话邀请他们来家里一起玩，还向瓜瓜解释，说自己只是觉得如果帮他做值日，就可以一起早点回家玩。果然小朋友们都来为壮壮庆祝生日，瓜瓜也向壮壮道了歉，还把自己喜欢的小汽车玩具送给壮壮。壮壮觉得这是自己最开心的一天，爸爸也欣慰地笑了。

壮壮是典型的2号给予型孩子，在生活中，他能够主动帮助他认为需要帮助的同学，但是帮助之后，他又因为没有得到相应的回报而耿耿于怀。

对于2号给予型孩子出现这样的心理，我们可以用"雨伞效应"来解释。就像在雨天为他人提供雨伞，希望得到依偎的臂弯一样，2号给予型孩子在长此以往的付出中也希望能够得到相应的回报。这种习惯往往是在无意识中形成的，这只是他们性格使然。因为2号给予型孩子大多比较敏感，获得回报会被他们当作是一种肯定，也是他们获得爱的一种方式。一旦他们一直无法得到回报，他们就会觉得自己的帮助是没有意义的，从而否定自己的善良。

当家长发现孩子出现明显的"雨伞效应"心理以后，需要采取适当的方式引导孩子。应注意开发和保护孩子善良、奉献的一面，及时表达自己对他们的赞赏，鼓励孩子去帮助别人，告诉孩子"你这样做是对的"。尤其应该让孩子明白的是，帮助别人并不是为了得到回报，而是让自己的内心觉得充实。

同时家长还需要告诉孩子，在主动帮助他人时，一定要量力而为。因为对于2号给予型孩子来说，他们在帮助别人时付出得越多，心里对他人回报的期望也就越高。当回报与期望不相符时，他们心里会自然而然地产生强烈的失衡感。所以，让孩子量力而为地去帮助别人，也是减少他们不良情绪的好办法。

教孩子明对错、守原则，保护孩子不受伤

2号给予型孩子总是站在别人的角度考虑问题，有时会为了满足他人的需要而做错事。由于不懂得拒绝，更是让他们忽略了原则的重要性，也失去了判断对错的理智思考过程。其实家长要理解，他们这样做只是因为他们不想拒绝朋友的求助，因为他们的自信心是建立在他人肯定的基础上的。家长需要做的是教会孩子明对错、守原则。

夏天到了，幼儿园后院里的桃树上结满了小桃子，老师告诉大家要爱护桃树和桃子，等桃子长熟了就在幼儿园里开一个"蟠桃会"。

可是楠楠的好朋友豪豪非常想先把小桃子摘下来尝尝味道。于是，豪豪叫了三四个小伙伴，想要爬到树上去摘桃子，楠楠也包含在内。楠楠知道豪豪要爬上桃树摘桃子，觉得这样做是不对的，于是劝说豪豪："豪豪，老师说了不能摘桃子，我们要保护桃子。"豪豪听了以后很不以为然："楠楠，你不愿意摘桃子的话，就在下面帮我们看着老师。你要是连这个忙也不帮，那就太不够意思了。"楠楠想了想，怕失去豪豪这个朋友，就答应了。可是豪豪才刚刚爬上树，老师就来了。发现小朋友竟然在爬树摘桃子，老师觉得好气又好笑，在课堂上批评了豪豪和楠楠的这种行为。

虽然老师并没有说什么严厉的话，但是楠楠还是觉得很委屈。回到家以

后，楠楠把这件事情告诉了妈妈。

妈妈听了楠楠的讲述，明白楠楠是因为想帮助豪豪，才做了错误的决定。他虽然意识到这件事是不对的，但是没有坚守住自己的原则，这和楠楠的给予型人格有关。于是妈妈把楠楠抱在怀里，安慰楠楠："楠楠，你知道爬上树去摘桃子是不对的，也劝说豪豪不要这样做，这一点你做得很棒。但是如果你能坚持你自己的原则，那就更棒了。你要知道，帮助朋友做正确的事情才是真的帮助。为什么你要和豪豪因为一起调皮被老师批评，而不是因为帮助豪豪好好学习一起得到老师的表扬呢？"

对待2号给予型孩子，父母必须在保护孩子善良的同时，告诉孩子知对错、守原则的重要性。因为2号给予型孩子往往不会拒绝他人的请求，这对他们是很不利的，如果不加以引导，长大后他们很有可能会被他人利用做出不好的事情，严重的还有可能会因此受到巨大的伤害。

善良是孩子的优点，也是孩子的弱点。家长在鼓励孩子善良的同时，还要多关注孩子的内心世界，告诉他们不要过分在意他人的反应。有时候做事要遵从自己的内心，不要为了顾及他人的感受让自己受累，不能因为迎合他人而做自己认为不对的事情，更不能因为他人的劝导而违背自己应该坚守的原则。父母还要训练孩子识人的能力，不能让他们随便相信别人，免得遇到了骗子还真心帮助，最后受伤的是自己。

2号给予型孩子就像万能的小天使，但是有的时候他们会为了帮助他人迷失自己，甚至因为过于同情弱者而失去自己理性的判断。因此，在面对2号给予型孩子的时候，家长必须理性、冷静，不能站在感性的角度去分析，而要明确告诉孩子怎样是对的、怎样是错的，让孩子坚守自己的原则，帮孩子建立隐形的保护网，不让孩子因为自己的善良而受到不必要的伤害。

倾听孩子的话，询问孩子的意见

在大部分人的印象中，2号给予型孩子都是默默倾听的对象，他们有的时候还会因为同情对方而使自己也变得很悲伤。实际上，他们的内心非常希望自己获得交流的主动权，只是他们很少有这样的机会，慢慢就会忽视自己的内心，不会主动表达自己的想法。因此，对于2号给予型孩子来说，让他们表达自己的意愿是很重要的。

英英的爸爸发现英英很听话，愿意接受别人的意见，但是却很少表达自己的真实想法。爸爸知道这是因为英英想努力把自己塑造成父母喜欢的样子，想努力达到他人的期望。

但是爸爸觉得，孩子只有自觉地表达自己的需求，表达自己的内心，才能过得快乐。于是在日常生活中爸爸总是注意引导英英说出自己内心的想法，并认真倾听英英的话，还在做决定的时候询问英英的意见。爸爸慢慢发现，英英变得开朗了，也愿意主动分享自己的心情了。

英英告诉爸爸，虽然有的时候自己遵从了别人的意愿，但是实际上自己并不想那样做。有的时候自己特别喜欢爸爸来询问她对于家中每件事情的看法，这会让她感到自己是被需要的。英英还说自己最喜欢听爸爸给她讲她小时候的故事，因为她觉得这样爸爸也是她的好朋友，使她感受到了关心，感受到了被爱，她觉得自己是最幸福的孩子。

在英英更大一点的时候，爸爸还教英英写日记，并和英英交换自己的日记，这样不仅让英英知道了爸爸的想法，也让英英说出了一些平时不会告诉父母的小秘密。这种心灵上的沟通使父女俩变得更亲密、更默契，也使英英懂得站在别人的角度思考问题，懂得要及时表达自己的想法。渐渐地，不仅小朋友们喜欢和英英做朋友，就连老师也愿意询问英英对班级里事情的看法。

作为2号给予型孩子的家长，当孩子出现妥协行为的时候，最好的做法不是表扬孩子的听话，而是询问孩子内心真正的想法，告诉孩子你想要听到他们的声音。当孩子不想吃饭的时候，不要跟孩子说"乖，多吃饭才能长高"，而是问孩子"是吃饱了，还是不喜欢吃今天的菜呢"。这样孩子就会说出自己的想法，并习惯于表达自己的心声。反之，孩子就会越来越压抑自己的想法，最终形成不可挽回的性格缺陷。

2号给予型孩子的家长还要注意倾听孩子的话。在实际与孩子相处的过程中，大多数家长对孩子生活上的关爱远远大于对孩子内心需求的了解。尤其是2号给予型孩子，他们很少主动提出自己内心的诉求。如果当他们向家长诉说自己的苦恼被打断时，他们就会沮丧，变得更不爱表达自己，甚至会怀疑自己在父母心中的重要性。

倾听是对孩子表达关心，询问是对孩子表示尊重。2号给予型孩子尤其需要父母的关爱和尊重，这可以促使孩子认识自己。如果孩子感到他们能够自由地对任何事情表达自己的意见，并且得到关爱与尊重，那么他们就会强化这种感受，在日后能够毫不迟疑、无所顾忌地发表自己的意见，逐渐成为自信、勇敢的人。

鼓励孩子坚持做自己

2号给予型孩子通常比较胆怯，他们为了保护自己在父母和老师眼中听话的形象，往往会选择迎合他们的喜好和想法，期望获得他们的关注和爱护。

小的时候，在2号给予型孩子眼里，父母是权威人物，因此他们总是很听父母的话。上学之后，他们也会觉得老师是权威人物，对于老师的要求他们会尽力做到做好，也不会反驳老师的话。长此以往，他们会变得没有主见，难以担当重任。这就需要父母帮助孩子树立信心，提高勇气，敢于肯定自己。

"爸爸！爸爸！快把我的动物百科全书拿过来。"诚诚今天很反常，一从学校回来就风风火火的，还没有换完鞋就叫爸爸把他早就看完了的动物百科全书找出来。爸爸把书从书架上拿了下来，诚诚一拿到书，就钻进自己的房间里了。

过了一会儿，爸爸见诚诚还没有出来，就敲了敲门："诚诚，你在房间里干什么呢？"诚诚听到爸爸问自己，连忙打开房门，让爸爸坐到他的书桌前。只见他把动物百科全书摊开在"蜗牛"的那页，还指着其中的一段说："爸爸，你把这段读一下。"爸爸虽然不明所以，但还是读了起来："蜗牛是世界上牙齿最多的动物。虽然它嘴的大小和针尖差不多，但是却有25600颗牙齿……"还没有等爸爸读完，诚诚就打断了爸爸的话："爸爸，你看，蜗牛是世界上牙齿最多的动物，对吗？""对呀，是这样的，没错。"诚诚低下头："可是今天上自然科学课的时候，老师跟大家讲鲨鱼是世界上牙齿最多的动物，可是我明明记得蜗牛才是世界上牙齿最多的动物。"爸爸听了以后问诚诚："那你有没有告诉老师他讲错了呢？""我不敢，我要是反驳老师的话，老师就会不喜欢我的。"

爸爸明白诚诚纠结的原因，就劝诚诚："你要坚持自己认为对的，不能因为是老师说的，你就完全相信。你可以下课的时候单独告诉老师他讲错了，我相信老师不会不喜欢你，还会表扬你的。而且你也不想让班里的小朋友都学到错误的知识，对吗？"诚诚想了想，点了点头。

第二天，诚诚跑到自然科学课老师的办公室，把这件事情告诉了老师。老师查阅资料以后，马上在课堂上纠正了这个错误，还表扬了诚诚，让大家向诚诚学习，诚诚觉得很开心。

对于成长中的孩子来说，每一件事情都值得他们惊奇，更值得他们思考。对于2号给予型的孩子来说也是一样，但是与其他类型的孩子不同的是，2号给予型孩子在思考中很难坚持自己的判断，他们首先会选择相信父母和老师的话，而放弃自己对事情的思考和判断。

这就需要家长引导孩子去思考，而不是把所有问题的结果都告诉孩子。要让孩子敢于肯定自己的发现，坚持他们确定对的观点，即使是和老师或者家长的答案不一样，也要敢于质疑权威。

要鼓励2号给予型孩子独立思考，每次思考都是一次新奇的探险，在这样的探险经历中，2号给予型孩子会逐渐走出自己的性格误区，让注意力重新回到自己的内心，从而拥有越来越强大的自信心，最终为自己赢得更好的发展。

每个人都需要对自己的人生负责，而且只有自己才能够为自己的人生负责。他人的想法与建议固然会对你的人生产生一定的影响，但是发展的方向还是在于你自己。2号给予型孩子总是遵从他人的意见，不敢否定长辈说的任何话，这样他们就会忽视自己内心深处真正的需求和选择。因此，父母如果能够引导2号给予型孩子拥有自己的主见，帮助他们树立强大的自信心，让他们敢于坚持自己的原则，敢于说出自己的心声，他们就会成为敢于质疑权威、勇于发表自己的观点、坚持自我的成功者。

与2号给予型孩子相处小秘诀

与2号给予型孩子的相处禁忌及调整方式

○不要过于感性地对待孩子。2号给予型孩子原本就很感性，他们对于身边人的情绪变化很敏感，这就需要家长在平时与孩子相处的过程中能够理性一些，不要让自己的不良情绪影响到孩子。建议家长锻炼2号给予型孩子的逻辑思维能力和理性思考能力，避免孩子陷入性格陷阱。

○不要刻意要求孩子主动为他人做事。2号给予型孩子的感受能力很强，很快就可以感受到身边人的需要以及对自己的看法，但是他们对于自己的需要却是不敏感的。建议家长不要太过刻意要求他们主动为他人做事，因为他们一定会力所能及地帮助他人。如果刻意要求他们，反而会造成孩子的心理负担过重。最好经常问问2号给予型孩子："你想要的是什么呢？"

○不要打断孩子的话。2号给予型孩子很难主动与家长进行沟通，也很难主动说出自己的困难与苦恼，他们总是想着不要麻烦别人，自己解决所有的问题。这就需要家长的耐心询问和认真倾听，一旦打断孩子的诉说，那么2号给予型孩子就不会再主动打开心扉了。建议家长教孩子用笔写出自己的感受，并将他们的感受具体化，多问孩子"你的感受是什么呢？为什么会有这样的感觉呢""你想要怎么做呢？爸爸妈妈需要你的意见"等问题。

○不要把孩子的帮助当作习惯。当2号给予型孩子帮助家长做了一些事情后，哪怕是很小的事情，家长都需要感谢他们的帮助和付出，小小的夸奖也可以让孩子觉得温暖。如果没有任何感谢的话语，甚至忽视孩子的付出，他们就会感觉自己被遗忘，会失落更会觉得父母不爱他们。建议父母经常表扬孩子的热心和善良，多和孩子说"宝贝你真棒""谢谢你帮助了爸爸妈妈，你是家里不可缺少的小宝贝"等话。

○不要把自己的喜好强加给孩子。2号给予型孩子本来就不擅长拒绝，由于父母是他们心目中的权威，他们更不会拒绝父母。作为2号给予型孩子的父母，如果把自己的喜好强加给孩子，却没有询问孩子的意见，2号给予型孩子又不懂得拒绝和反对，那么长此以往就会给孩子造成很大的压力。要知道，孩子不是父母的私有财产，他们有权利决定自己的方向。建议2号给予型孩子的家长多问孩子究竟想要的是什么，少和孩子说父母希望他们怎样做。

如何打开2号给予型孩子的心扉

○认真聆听孩子的每个建议，并对孩子的观点进行理性的点评。如果2号给予型孩子能够主动说出自己的意见，这是很难得的。家长必须鼓励2号给予型孩子及时表达自己的想法，在孩子表达完自己的想法之后，家长不能敷衍，简单的附和和反对都会使孩子感到失落，他们会觉得自己的建议是可有可无的，这样以后孩子就不会愿意主动说出自己的想法了。

想要打开2号给予型孩子的心扉，可以和孩子交流你们彼此的想法，在孩子说出自己的建议以后，对孩子的意见进行点评。如果孩子的意见合理，可以及时采纳；如果孩子的意见不是那么合理，可以告诉孩子怎样做会更好。这样就会使2号给予型孩子感受到自己是被需要的，从而树立孩子表达自己的信心。

○每天或者每周，为孩子准备一个谈心时间。想要让2号给予型孩子打开心扉，还有一种比较好的方式就是定期抽出一个固定的时间，与孩子进行心与心的交流。2号给予型孩子是很需要家长关注他们内心活动的，与孩子进行贴心的交流，及时了解孩子内心真正想说的话，可以减少孩子的心理负担。这时需要注意的是，家长要以朋友的角度与孩子进行交流，这样孩子才能够打开心扉。

○鼓励孩子发表自己的意见。2号给予型孩子大多数比较内向，家长在与孩子相处的日常活动中，应该常常鼓励孩子发表自己的意见。无论是对家中的各项决定，还是在看动画片时对情节的评价，都应该多问问孩子："你是怎样认为的？你觉得怎样做比较好？"久而久之，孩子就会习惯表达自己的内心诉求。

○与孩子分享自己的心情和自己成长中的小故事，让孩子能够说出自己的烦恼。2号给予型孩子往往不会主动和身边的人说出自己的烦恼，也不愿意让别人帮助自己做什么事情。因此，家长应该引导孩子说出自己的烦恼和困难，无论是生活中、学习上还是心理上的困惑，家长都应该及时帮助孩子解决。当发现孩子不想说的时候，父母可以讲讲自己小时候遇到的困难和童年有趣的事情，引导孩子打开心扉。这样也会使孩子感觉到父母也是自己的好朋友，自然愿意与父母分享自己的心情。

如何让2号给予型孩子更有效地学习

○2号给予型孩子喜欢在交流的环境中学习，与老师和同学之间的连接是他们学习的动力。当2号给予型孩子处在一个不被别人关注的环境中，尤其是他们看重的人没有关注到自己时，他们就会缺少前进的动力。例如，如果在学习方面老师没有特别关注到他们的努力以及取得的进步，他们就会因此失去学习以及向上的动力，对学习表现出倦怠的态度。同时，2号给予型孩子还不喜欢只关注孩子的学习成果而不关心培养学生情感的老师。即使课程很吸引人，但是如果老师教学的方式过于死板和冷淡，也会使他们失去学习的乐趣。

同样的，良好的同学关系对2号给予型孩子的影响也很大。如果2号给予型孩子在同学之间的人际关系中没有得到满足，比如说他们不太受同学的欢迎，那么他们也会失去学习的动力，甚至会对学校产生抵触心理。

因此，建议家长帮助2号给予型孩子疏导心理，及时关注他们在学校的动态，并和老师做交流，希望老师能够关注到孩子的变化。如果老师不能及时表扬孩子的进步，那么作为家长也可以代替老师表扬孩子的努力，让孩子不要失去对学习的渴望，也不要失去上进的动力。

○2号给予型孩子很难因为自己不懂的问题向他人提问。2号给予型孩子是那种什么事情都不想麻烦别人的孩子，他们也不愿意对自己不懂的问题提出疑问，他们害怕会给别人添麻烦或造成困扰。这就会造成他们因为过于纠结自己解答不出来的问题，而耽误做其他题的时间，还会出现由于积累过多问题，从而影响接下来学习进度的问题。长此以往，孩子的成绩很难提高，还会影响其学习动力。

面对这种情况，家长在日常的学习生活中，应该常常关心孩子，询问孩子是否听懂了这一天所有学习的内容，还要告诉孩子就算有不懂的问题也没关系，父母可以帮他们解答。同时，还要让孩子知道，不管是老师还是身边的同学，都十分愿意解答他们在学习上的疑问，老师反而不喜欢有问题不懂还不提问的孩子。这样2号给予型孩子就会慢慢打开自己的心扉，懂得主动说出自己的疑问。

如何塑造与2号给予型孩子完美的亲子关系

○给予孩子安全感。2号给予型孩子特别渴望得到父母的爱与关心，如果父母对他们很冷淡，他们会觉得很没有安全感，甚至觉得自己被全世界抛弃。这需要2号给予型孩子的父母在孩子感到孤独无助的时候关爱孩子，用拥抱让孩子感受到父母的爱与陪伴，这样孩子也会更信任父母。

○认真回答孩子提出的问题。有些父母由于工作的原因很少关心孩子，并且对孩子提出的问题置之不理。这对于2号给予型孩子来说是很严重的打击，他们会因此变得闷闷不乐。因此，作为2号给予型孩子的家长，尤其应该认真对待孩子的每次提问。

○与2号给予型孩子平等相处。2号给予型孩子需要的是朋友般的亲子关系，这就需要家长与孩子保持人格上的公平。父母不能因为孩子的年纪小，就漠视他们在家中的地位。平等地与孩子相处，与2号给予型孩子做朋友才能让他们更健康地成长。如果父母的优越感很强烈，他们就会与父母产生隔阂，不利于孩子的成长。

2号给予型孩子最想听的一句话

"就算你不能帮我做什么，我也一样需要你、喜欢你。"

第四章

3号成就型：适度看待成功，别忽视情商教育

3号成就型孩子积极进取、独立性强，做事效率高，但过于注重成败。因此，3号成就型孩子的家长应该让孩子知道偶尔的失败并不算什么，过程比结果更重要。

3号成就型孩子性格全解读

3号成就型孩子，也叫作实践型、奋斗型孩子。他们无论做什么事情都希望取得成功，并且希望能够得到认可。他们认为一个人的价值在于他达到的成就以及获得的赞赏。他们会把成功看得很重要，是因为他们认为只有得到第一名并且得到他人的赞赏，才能够证明他们的能力。他们的性格特质中还有很多我们不知道的小秘密，就让我们一起来了解下3号成就型孩子性格的全面特征吧。

3号成就型：踏实努力，表现欲强，具有强烈的胜负心

○核心价值观：认为成功很重要，只有取得了成就才能够体现自己的价值。认为自己有才华就应该表现出来。具有强烈的竞争意识，喜欢和他人做比较。

○外在特征：外表有魅力，衣着讲究，精神振奋，为人积极，没有倦怠感。

○行为习惯：做事认真、踏实、一心一意，常常因为追求成功忽略很多其他的事情，是一个小小工作狂。

○性格优势：精明能干，责任心强，懂得灵活变通，做事效率高，精力充沛，热爱学习，努力追求成功。

○性格劣势：看不到他人的优点，不愿意承认失败，不善交际。

○性格陷阱：害怕失败，对成功有过于强烈的渴望，容易贬低别人，爱出风头。

　　○人际关系：常常为了追求成功而忽略自己的人际交往关系，也往往忽略自己的内心情感，造成与朋友、家人的人际关系紧张。

　　○内心活动："我一定要成功，有所作为"。

　　○心灵误区："有成就的人，才会获得别人的爱"。

　　○常用词汇："没问题""保证""绝对可以""最"。

　　○兴趣培养：数学、家庭劳动、阅读、团队协作训练。

3号成就型孩子的主要性格及行为特征

　　○他们很要面子，有时为了掩饰自己的过错，他们会选择说谎。

　　○他们在学校里表现得很好，在课堂上会积极主动地回答问题。

　　○他们通常表现得很有自信，有自己努力的目标，有进取精神。

　　○他们会踊跃参加学校组织的各项活动，并且在活动中积极表现自己。

　　○他们会表现出与他人关系和谐，会很快认同别人，所以总是很讨他人喜欢。

　　○他们都会有一点儿小自恋，总认为自己是最棒的，还会贬低别人。但是当看到别人在某一方面超过了自己时，他们也会产生很强烈的挫败感。

　　○他们有的时候会很自负，认为自己出类拔萃。

　　○他们思维清晰，做事很有效率，总是争分夺秒。他们聪明灵活，模仿能力强，但是爱出风头，争强好胜，做事锋芒毕露。

　　○他们喜欢和其他人做对比，如果把自己的事情完成得很好，他们就不会在乎别人的事情。有的时候，他们为了能够尽快达到目的，会选择走捷径。

　　○他们总是充满能量，在课堂上表现积极。

　　○他们做事灵活，懂得随机应变。

　　○他们很注重品质，从衣着到日常用品，总是喜欢选择自己看起来很不错的。

　　○他们一旦下定决心做某事，就会努力去实现目标，不会轻易放弃。

告诉孩子，得第一并不是最重要的

俗话说得好，"友谊第一，比赛第二"。可是在3号成就型孩子眼中可不是这样的。他们的观点是："得第一比什么都重要"。

牛牛就是典型的3号成就型孩子，他总是为了自己没有得第一而哭泣。他的妈妈为此可操了不少心。某次开运动会，牛牛又哭了。

原来牛牛觉得自己是幼儿园里跑得最快的小朋友。运动会的前一天，他和妈妈说这次一定会得第一。

一起赛跑的还有牛牛邻班的虎虎，他是牛牛的好朋友。虎虎见到牛牛也来参加赛跑，就过去和牛牛打招呼："牛牛，今天我们比赛赛跑，友谊第一，比赛第二哦。"可是牛牛却骄傲地和虎虎说："什么友谊第一？我要赛跑得第一。"

可是，牛牛的个子没有虎虎高，在赛跑的时候很快就被虎虎超过了。结果虎虎得了第一名，牛牛得了第二名。虽然老师给他们发了同样的奖状和奖品，但是牛牛就是不开心，他觉得自己没有得到第一名，这是一件特别糟糕的事情，牛牛越想越委屈，最终跑到座位上哭了起来。

妈妈得知牛牛又因为自己没有得到第一名而伤心，赶紧鼓励牛牛："牛牛得了第二名也很棒啊。你要知道你比同班级的很多小朋友跑得都快，已经很厉害了。""不要不要，我就要得第一名。"牛牛还是不能释怀。于是妈妈又和牛牛说："牛牛，得第一并不是最重要的，重要的是你已经很努力了呀，妈妈仍然为你骄傲。你看虎虎比你高，自然会比你跑得快呀。"牛牛想了想，止住了哭声，问妈妈："真的吗？妈妈仍然觉得我很棒吗？我要是长到虎虎那么高，就会和虎虎跑得一样快了吗？"妈妈笑着点头："是的，牛牛在妈妈心目中是最棒的孩子，无论你是否得了第一名，只要你努力，妈妈都为你感到骄傲。等你长得和虎虎一样高，一定也会像虎虎一样快的。"

这个时候，虎虎也特意到牛牛家安慰牛牛："牛牛，你别哭，我们是好朋友，我把零食分给你，我们一起去看小朋友们丢沙包吧。"牛牛接过虎虎的零食，牵着虎虎的手一起去玩了。

3号成就型孩子就是这样，他们很重视自己的成就，也很喜欢表现自己的优势。他们重视他人对自己的评价，认为只有赢得了他人的赞赏，才能够证明自己的能力和自己的优秀。他们也喜欢以优胜劣汰的心理来看待自我和他人的价值，不愿意让别人超过自己。

其实这是由于3号成就型孩子有很强的自尊心，他们最重视的是他人对自己的评价，尤其是父母和老师的评价。他们认为自己只有得到第一名，并获得父母和老师的赞赏，才能够证明自己的能力和努力。

其实从本质上来讲，3号成就型孩子并不如他们外表看起来的那么有自信，他们的自信心是靠他人的赞赏和鼓励得来的。因此，他们也总是会力求成功，以此来获得他人的好评。一旦出现短暂的失败，就会使他们的情绪变得消极，甚至对自己全盘否定，之后他们就可能会用逃避来获得内心的安宁。

对于3号成就型孩子，最根本的教育方式是鼓励教育，用恰当的鼓励确立3号成就型孩子的自信，使他们关注自己的长处，并且让孩子明白人无完人的道理。告诉孩子得第一并不是最重要的，也不是人生的唯一追求，只要是人就会有失败，但是只要努力就算失败了也是值得骄傲的。家长一方面要多给予孩子成功的体验，鼓励他们，另一方面也要锻炼孩子面对失败的承受力，使他们豁达地面对失败，吸取经验，不断走向成功。

让孩子体会过程比结果更重要

爱迪生为了发明电灯做了无数次实验都没有找到适合做电灯灯丝的材料，有人嘲笑他："爱迪生先生，你已经失败了无数次了。"爱迪生回答："不，我没有失败，我的成就是发现这无数种材料都不适合做电灯的灯丝。"

3号成就型孩子很注重事情的结果，当他们经过一番努力，最后却没有取得成功，或者是最后的结果没有达到他们的期待，他们会感觉到失落，甚至会放弃努力。其实有的时候并不是做每件事情都会有好的结果，享受过程带给自己的愉悦也是同样重要的。

豆豆从小就是做什么事情都想要成功的孩子。他种花，就一定要花发芽，甚至养蝌蚪，他也一定要看到蝌蚪变成青蛙。如果在这个过程中蝌蚪死掉没有变成青蛙，他会非常伤心，还会把所有的蝌蚪都放回小河里，再也不愿意养了。

这一天，妈妈带豆豆去参加陶艺体验课，豆豆非常兴奋，想要和妈妈一起做一个杯子送给爸爸做生日礼物。可是在拉坯成型的过程中，豆豆怎样也弄不出自己想要的形状。一次又一次的失败磨掉了豆豆的耐心，他沮丧地和妈妈说："妈妈，我们不要做了，我做的这个杯子胖胖的，还不圆，太丑了，爸爸一定不会喜欢的。"妈妈安慰豆豆："难道你忘了爱迪生发明电灯的故事了吗？爱迪生经历了那么多次失败都没有放弃，他享受的是实践的过程，因为这些失败的实验都是通向成功必须经历的。你愿不愿意再尝试一次呢？"豆豆点了点头，妈妈还告诉他："只要是你做的，爸爸就一定会喜欢的。我们就开开心心享受做陶艺的过程，好不好？"

于是豆豆就认真地又尝试了一次，虽然最后做出来的杯子还是没有想象中的好，但是豆豆听了妈妈的话，认真地为杯子上了颜色，他渐渐学会享受做陶艺的过程了。

对于成就型孩子，家长不能给予孩子过高的期望，因为他们自身对成功就已经有执着的追求了。如果家长还要求孩子一定要达到怎样怎样的成果，就会使他们背负过重的压力。还需要注意的是，对孩子的鼓励要适当，不能夸大孩子的成就，也不能盲目赞赏孩子，这都会使孩子更加注重结果而忽视过程。长此以往就会使孩子过分追求成绩，甚至为了成功采取不恰当的方式。

家长在平时孩子的学习与生活中，可以采用鼓励引导的方式教导孩子重视过程，让他们明白过程中付出努力才是最重要的。父母更愿意看到的是孩子的努力和不放弃，如果孩子能够快乐地享受尝试的过程，并在这之中幸福成长，相信父母也会为孩子感到骄傲。

比如在孩子画画的时候，父母可以问他们"你画得开心吗"之类的问题，而不是评价孩子画得漂亮还是不漂亮。这样孩子的关注点就会发生转移，他们就会意识到父母更希望他们能够享受画画带来的快乐。慢慢地，孩子就会不那么注重事情的结果了。

对于孩子取得的成绩，家长要及时鼓励，但是不要和孩子说希望他们下次还能取得这样的成绩，要告诉孩子父母看到了他们的努力，为他们感到骄傲，希望他们可以一直这样努力。

帮助孩子发现身边人的优点

3号成就型孩子争强好胜，常常拿自己和别人比较。他们尤其喜欢放大自己的优点，并夸耀自己的过人之处。这就导致他们看不到别人的优点，还会出现贬低他人的情况。对于这样的孩子，家长需要引导并帮助孩子发现身边小伙伴的优点。

飞飞的妈妈发现飞飞经常和自己说幼儿园里的哪个小朋友做错事了，哪个小朋友上课不认真，哪个小朋友又不热爱劳动了。每当这个时候，飞飞的妈妈都会反问："那么你呢？"，飞飞也总是骄傲地回答妈妈："我当然是幼儿园里最棒的了！"

这天是幼儿园家长开放日。上图画课的时候，飞飞的妈妈发现飞飞画的画并不如他的同桌蕊蕊画得好，飞飞平时总说蕊蕊写字难看，却没有发现蕊蕊的画画得好；上体育课的时候，飞飞的小伙伴壮壮能够主动帮助老师搬体育课需要的皮球，可是飞飞却不愿意帮忙，飞飞总是说壮壮上课不认真听讲，却没有发现壮壮助人为乐的优点；还有飞飞总是说明明不热爱劳动，但是飞飞却没有发现明明会主动给班级里养的花浇水。

飞飞的妈妈觉得飞飞这样只看到他人的缺点，而看不到自己的缺点，既不能正确评价别人也不能客观认识自己，对飞飞的成长很不利。

晚上回到家以后，妈妈问飞飞："飞飞，你觉得蕊蕊画的画好不好看？"飞飞想了想，点了点头："可是蕊蕊的字写得不好看。"妈妈就知道飞飞会这样说，于是劝导飞飞："蕊蕊画的画比你的好看，你应该向蕊蕊学习，难道你不想画得和蕊蕊一样好吗？"飞飞低着头不说话。

妈妈告诉飞飞："飞飞，你要知道，你身边的小朋友身上有很多被你忽略的优点。如果你总是这样忽视自己的不足，是不能进步的。如果其他小朋友都在不断进步，他们就会超过你，变得比你优秀得多。如果你想要比别人强，那么就要学习他人的长处来弥补自己的短处，这样才能不断变好。"

对于3号成就型孩子，家长要让他们学会给成功确定一个恰当的评价标准，并教育他们学会正确地评价自己和身边的小伙伴。

要让孩子明白，追求成功的本质是追求个人的进步。一个人就算是成功的，也不可能什么都好，什么都是第一。因此，要让孩子根据自己的能力和性格特点来制定学习目标，不盲目地争夺第一，也不和他人做盲目的对比。

只有这样确定了客观的评价标准，他们才能够客观地认识自己，客观地评价别人，客观地看待这个世界。孩子才能够找准自己的位置，看到别人的优势和能力，认识到自己的欠缺和不足，同时理性地对待别人的长处，处理好自己与别人的关系，从而更好地适应这个社会。

3号成就型孩子会习惯性地拿自己的长处和他人的不足做对比，这就需要家长帮助孩子发现身边人的长处。可以通过讲故事的方式引导孩子的思考方向，让孩子看到别人的闪光点。还可以在鼓励自己孩子的同时也表扬其他小朋友做得好的地方，让孩子意识到自己也可以学习其他小朋友的长处，充实自己，使自己变得更优秀。

注重培养孩子的情商

3号成就型孩子不喜欢依赖别人，具有很强的竞争意识。这就使他们为人独立，做事注重效率。但是这种性格会使孩子急于求成，缺乏耐心，也缺乏与他人合作的意识。他们只会想着把自己的事情做好，往往不会太在乎身边人的感受，也不会主动配合身边人的想法。他们过于关注自己的成功，以至于忽略了别人的感受，缺乏对他人的关注。因此，培养3号成就型孩子的情商，首先要教孩子关注他人的感受，培养合作意识。

东东的爸爸在东东的评价手册上写了这样的一段话："东东是一个踏实努力的乖孩子，但是他的朋友很少。这可能和他常常只顾自己的事情而不顾他人的想法有关。他虽然不会和他人发生矛盾，但是小朋友们也不会主动找他玩。这让我和他妈妈都觉得很苦恼。"

从爸爸的评价来看，东东是典型的3号成就型孩子，他们对于自己的事情是很专注的，这就会使他们忽略身边人的感受。也许他们是无意的，但是实际上他们已经给身边的小伙伴留下了不好的印象。

东东的同桌在东东的评价手册上写道："东东的成绩很好，可是他不愿意理我。我问他题目的时候，他也不愿意给我解答。每次老师让合作做手工的时候，他也总是一个人完成。我下个学期不想和东东做同桌了。"

对于东东来说，家长要特别注意让他学会关注别人的感受，不要仅仅想着自己的作业没做完，就不理身边的小伙伴，要让东东学会不要只关注自己眼前的事情，而忽略他人的感受。

同时，培养3号成就型孩子的合作意识也是非常重要的。现代社会是激烈竞争的社会，竞争意识固然重要，但是如果不懂得团结协作，对孩子来说也是很不利的。这样做不仅很难取得成功，还会难以适应社会，造成人际关系不和谐。

父母可以告诉孩子，朋友比做作业更重要，与小伙伴一起玩耍并不会耽误写作业，如果没有朋友就会觉得孤独、不快乐。家长可以引导孩子关注身边朋友的感受，让孩子主动去帮助需要帮助的同学，让孩子在他人的感谢中获得成就感。慢慢地，孩子就会习惯为身边的人着想了。

家长还可以多带孩子参加集体活动和协作性拓展运动，让孩子意识到有很多事情单凭一个人的力量是难以完成的，只有学会合作，才能够成功。还要告诉孩子，每个人的优势都不一样，在协作中只有与他人进行配合，才能够将事情做得尽善尽美。

我们知道，3号成就型孩子好胜心强，因此在他人面前总是想要表现得很优秀，不愿意承认自己不如别人。他们会尽力把自己最好的一面呈现在别人面前，把自己不好的一面隐藏起来，甚至会为了保护自己在他人心目中完美的形象而说谎。因此，培养3号成就型孩子的情商，还要教孩子敞开心扉，真诚对待每个人。

贝贝的爸爸是一名画家，因此贝贝画得也很不错。这天，贝贝的同桌妞妞问："贝贝，你画得那么好，可不可以帮我画一张画像啊？"贝贝觉得没有问题，就答应了下来。

可是晚上回到家以后，贝贝却被难住了，因为他的脑海里想不出妞妞的样子，所以画得一点儿也不像妞妞。这样一遍又一遍的尝试之后，他还是没有画出妞妞的画像。爸爸发现贝贝这么晚了还没有睡觉，就敲了敲门，走进贝贝的房间问她："贝贝，你怎么这么晚还没有睡觉啊？""爸爸，妞妞想让我帮她画一张画像，可是我怎么也画不好。"

爸爸笑了笑，帮贝贝找出了幼儿园的合照，说："那你告诉爸爸，哪个是妞妞，爸爸帮你画，好不好？"贝贝犹豫了一下，点了点头。

爸爸很快帮贝贝把妞妞的画像画好了，第二天贝贝把妞妞的画像拿给妞妞，妞妞不禁感叹："贝贝，你画得真好！"

周围的其他小朋友也被吸引了过来，夸贝贝的画画得好："贝贝，你画得真好，这真的是你画的吗？"贝贝不愿意承认自己画得难看，所以毫不犹豫地点了点头："是啊，就是我画的。"

案例中的贝贝为了维持自己在小伙伴心目中画画得好的形象，选择用说谎来掩饰自己不会画的事实。也许在现在看来并没有什么，但是如果长此以往任凭孩子发展下去，孩子就会习惯性地用谎言来掩饰自己的不足。

其实3号成就型孩子是很重感情的，但是同时他们也很害怕触碰自己内心的情感，害怕表达自己内心的感受。在与人交往的过程中，他们其实是很为亲密关系担忧的。不是他们不想交朋友，而是他们担心对方看到自己的不足和缺陷，因此他们很难放开自己、敞开心扉地与人交往。

作为3号成就型孩子的家长要让孩子明白，在与别的孩子交往的过程中，要敢于正视自己的缺点，也要敢于承认自己的不足，更应该勇于正视自己做不到的事。哪怕有的时候孩子会因为自己的缺点引起其他小伙伴的嘲笑，家长也要告诉孩子这其实没有什么大不了的。敞开心扉，真诚地对待身边的小伙伴才是最重要的。

培养孩子公平竞争的意识

3号成就型孩子渴望成功，讲求效率，有的时候甚至会为了达到目标而选择走捷径，违反规则。

夏天到了，轩轩的幼儿园举行了种花比赛。老师给每个小朋友发了一把种子，让他们回家去种出可爱的小花，并约定两个月之后看看谁的小花种得最好。

轩轩把种子拿回家以后，将其细心地埋进花盆里，每天定时浇水，还让爸爸帮忙买了花肥。阳光好的日子，他还把花盆搬出去晒太阳。可是一个月过去了，轩轩的种子还是没有发芽。

轩轩很着急，也很难过。他听说很多小朋友的种子都已经发芽了。回到家以后他着急地哭了起来，还责怪种子为什么还不发芽，那么不争气。

妈妈看到轩轩哭了，连忙过来安慰轩轩："别着急，你要耐心一点儿，并不是你种进去每颗种子，它都会发芽的。"轩轩听了妈妈的话以后，继续耐心地照顾着他的种子。

可是又一个月过去了，轩轩的种子还是没有发芽。妈妈对轩轩说："没有关系，肯定有小朋友的种子和你的一样也没有发芽。"轩轩很不开心，他觉得自己一定要种得最好，于是在去幼儿园的路上，他央求奶奶帮他买了一盆漂亮的茉莉花带到幼儿园。

可是轩轩不知道的是，两个月种子根本不能长成茉莉花。小朋友们的花盆里都还是小小的一株芽。老师知道轩轩的花不是种的而是买的，但是她并没有批评轩轩，而是说："轩轩一定是想选一盆漂亮的花放到班级里吧？无论你们的种子有没有发芽，只要你们用心去照顾种子，你们就是最棒的。"

对于3号成就型孩子来说，家长需要注意的是，孩子有可能会因为过于注重成功而选择走捷径。这个时候家长要告诉孩子，成功往往不是一蹴而就的，也许走捷径可以换来一时的成功，但是在人生的旅途中，如果总是想着走捷径，那么是不会有所作为的。

家长还应该告诉孩子，有强烈的竞争意识固然很好，但是要实现崇高的志向和远大的目标，光靠着自己的小聪明是不可以的。必须要公平竞争，脚踏实地、勤勤恳恳，以自己真正的实力，靠奋斗一步一步地接近成功。

3号成就型孩子有时还会产生急于求成的心理，这个时候的他们还没有正确认识成功的含义。他们认为成功的人就应该在每件事、每个方面都表现得优秀。因此，无论做什么事他们都会努力争取第一。但是当他们通过努力还是无法取得成功时，他们就会考虑其他办法，比如说撒谎或者是违反规则，这对于其他竞争者来说是不公平的，通过这种方式所获得的成功也不是真正意义上的成功。

在日常的生活中，家长需要强化孩子的公平竞争意识，并以身作则，告诉孩子规则和公平的重要性。这样孩子就会做事认真、踏实。在他们出现想要选择捷径完成某件事的时候，家长必须制止孩子，并帮助孩子解决困难，逐步帮孩子摆脱对成功的过度渴望。

与3号成就型孩子相处小秘诀

与3号成就型孩子的相处禁忌及调整方式

○不要给孩子制定过多的目标。3号成就型孩子对于成功原本就有一种执着的追求，他们在很小的时候就已经学会了察言观色的本领，面对大人的情绪变化，他们会敏锐地感知怎样做才能令大人感到满意，也愿意维护自己在大人心目中好孩子的形象。因此，他们会为自己制定较为严格的目标。比如考试要考第一名，因为考了第一名会让父母高兴。如果这个时候家长还要求孩子每次都得第一名，就会给孩子造成较大的压力。建议父母告诉孩子只要努力就好，不要为了结果而放弃享受学习的过程。

○不要在公开场合责备孩子的失败。3号成就型孩子的自尊心很强，他们总是用自信的外表来掩饰自己其实并没有那么自信的内心。尤其是对于成功，他们会过分地在意。当3号成就型孩子失败时，家长最不应该做的就是指责孩子。例如，有的家长会在孩子失败后说："你怎么那么笨？花那么多钱让你学画画，结果什么奖都没拿到。"还有的家长会对孩子的失败表示出失望："算了，你也就是这种水平了。"类似于这样的话都会深深刺痛孩子的内心，让他们受到严重的打击。这样会使3号成就型孩子觉得，自己的努力都是徒劳的，他们会自暴自弃。建议家长多给孩子鼓励，少给孩子责备。对于原本就努力想要成功的孩子，家长是不能质疑孩子的努力和决心的。

○不要过度夸奖孩子。对于3号成就型孩子来说，过度的夸奖会让他们感到很得意，甚至会骄傲，从而忽视自己的不足之处。建议家长用适当的夸奖来肯定孩子的能力，但是同时也让孩子说出为何会做得好，以及是怎样做到的，这样可以帮助孩子留意到细节部分，也会让孩子意识到自己还有成长的空间。如果家长能在表扬的同时，告诉孩子怎样做会更好，那就更棒了。这样就会使孩子在不断完善自己的过程中成长。

○不要忽视孩子的情感变化。3号成就型孩子外表虽然积极乐观，但是他们的内心也很脆弱。尤其是在失败的时候，孩子很容易产生失落、沮丧、忧郁、悲伤的情绪，甚至还会变得暴躁易怒、焦虑不安。这个时候孩子很有可能会装作无所谓，给自己找借口推卸责任，以逃避的形式来追求内心的平静。但是家长不能忽视孩子的这种情感变化。建议家长让孩子说出自己失败的真正原因，并站在孩子的角度考虑问题。同时，家长还要稳定他们的情绪，对他们出现的问题表示理解，最后帮助他们看清事情的根源，与孩子一起商讨解决问题的办法。

如何打开3号成就型孩子的心扉

○在孩子成绩下滑或者落后时及时给予鼓励。3号成就型孩子的目标感往往是比较强的，他们在得了一次第一名之后就希望自己总是第一名。当孩子的成绩下滑或者是孩子的成绩落后于别人之后时，孩子就会变得沮丧失落。这个时候，家长需要做的不是等待孩子奋发图强，也不是责怪孩子为什么没有取得好成绩，而是应该及时鼓励孩子，用鼓励和安慰的话打开孩子的心扉，避免孩子因为情绪不佳而封闭自己。家长可以告诉孩子不要因为一时的成绩下滑就放弃努力，要对症下药及时弥补。如果孩子在其他方面存在困惑，家长可以帮助孩子梳理，让孩子将精力重新放到学习上。

○赞美孩子的个人特质，不是单纯赞美他们的表现。3号成就型孩子本身就很在意自己的个人表现，他们也很在乎自己的表现会不会让父母长辈满意。如果家长在看到孩子的成就时，只表扬孩子的表现，孩子就会以为只有表现得好，才能够得到父母的喜爱。久而久之，孩子与父母就会缺乏沟通，孩子一旦没有表现得很好，就会封闭自己的内心，他们会觉得除了成绩没有什么可以和父母分享的。其实，只要家长看到孩子踏实、努力、进取的特质，并及时给予鼓励及表扬，就够了，不要那么在意孩子的成绩。如果父母经常看到孩子特质中令人骄傲的一面，并与孩子交心，那么孩子无论成功还是失败，都会愿意与家长分享自己的心情。

〇把对孩子的要求表示为期望孩子达成某个目标。当你想要让3号成就型孩子达到你的要求时，最好的做法不是命令孩子或者对孩子提出要求，可以换成目标式提问，这样孩子就会愿意与家长进行沟通和讨论。例如，用"我们怎样做才能够将家务做得更好"来代替"我觉得你能够把家务做得更好"；用"用什么办法可以早点到学校呢"来代替"我觉得你早点起床就不会迟到"。

如何让3号成就型孩子更有效地学习

〇3号成就型孩子喜欢实际动手的工作，他们希望能够马上获得事件的成果。如果在课堂上老师只是要求他们看看课本或者是阅读，他们就会觉得很无聊，从而影响他们的学习兴趣。他们更喜欢的是实践类课程，老师做教学示范，学生操作，并且能够得知学习效果的优劣。这样的氛围不但竞争性强，而且能够让学生的学习成果显现出来，能够激发孩子的学习兴趣。

因此，家长可以鼓励孩子在完成枯燥的学习后进行动手实践。即使是很简单的学习任务，家长也可以通过简单的考察帮助孩子有成就感，激发孩子的学习热情。

〇3号成就型孩子争强好胜，喜欢比较。当3号成就型孩子处在一种需要竞争、需要比较的环境中时，他们内心争强好胜的心理才会被激发出来。在竞争的学习环境中也是一样，他们会想办法拿到高分。因为3号成就型孩子对自己的设定是，没有好的表现，就不能实现自己的价值。如果在竞争中失败，他们也会想通过其他比赛获得信心。就算其他孩子都讨厌考试，3号成就型孩子也不会对考试厌倦，他们觉得以考试来决定胜负是很公平的。因此，要想让3号成就型孩子更有效率地学习，可以采用激励竞争的方式，就算是没有考试也可以帮助孩子寻找想要超越的目标，让孩子保持竞争心态。

○告诉孩子劳逸结合。3号成就型孩子属于目标导向型孩子，他们总会觉得只有每天都完成特定的目标，这一天过得才有意义，才不会因为压力过大而失去斗志。3号成就型孩子一定要做成什么或者是完成什么目标，他们才会有安全感，因为成就感是他们感受自我存在价值的主要方式。

3号成就型孩子常常会为了写作业而熬夜。但是他们并不是因为贪玩而延误，而是因为他们为自己定下了很多学习计划，并要求自己每天都要达成。有的时候他们虽然完成了当天的任务，但是还会熬夜预习第二天的学习内容，因为他们很喜欢领先的感觉。

长此以往，孩子有可能会变得很疲劳，这个时候就需要家长帮助孩子调整学习计划，告诉孩子劳逸结合，只有休息好才能更好地学习。

如何塑造与3号成就型孩子完美的亲子关系

○做好孩子的镜子。在3号成就型孩子的内心深处，他们早已经把他人给予的爱与自己的表现之间画上了等号。父母就是他们的镜子，是他们认识自己的途径。3号成就型孩子认同的是，在自己成长的过程中给予自己关心、照顾和肯定的家长，并且会主动发现并达成家长的期许，以此来获得更多的肯定与关爱。

因此，家长就需要做好孩子的镜子，帮助孩子正确认识自己。这就要求家长首先学会自修，因为只有家长自己保持健康的心态，才能够映射出孩子的真实特质，这样孩子才能够成为自尊、自信，并且身心健康的人。

○与孩子一起专注地完成某件事。3号成就型孩子在专注于完成某件事的时候是非常投入的，他们会全身心地将自己的精力全部放在那件事情上。比如，当3号成就型孩子想要拼积木，他们就一定会专注于拼积木这件事，直至完成。在这期间，如果专注的事情被打乱，他们就会觉得很难过。

这就需要家长不要打断孩子的专注，最好家长也可以加入到这件事情当中，与孩子一起协作将其完成，这样不仅能够拉近亲子距离，还能够培养3号成就型孩子的协作精神。

○让孩子做一天的小家长。3号成就型孩子是比较自我的孩子，他们很难做到在忙自己事情的时候还去顾及他人的感受，也就是说他们没有关注他人的意识。他们与父母的交流也常常局限于分享他们的成就上。

但是3号成就型孩子还有一个优点，就是有责任心，交给他们的任务会很好地完成。如果能够让孩子当一天的小家长，让孩子安排家里成员的家务活，让孩子能够注意到平时父母做的事情，相信他们就会很容易理解父母的心情，学会顾及身边人的感受，并学会与父母分享学习成绩以外的事情。

3号成就型孩子最想听的一句话

"不管你是第一名还是最后一名，在我心里你是最棒的，是我的骄傲。"

第五章

4号浪漫型：理解他们的
独特，注重天赋的发挥

　　4号浪漫型孩子最显著的特点就是
富有创造力和想象力，但是他们不善
于表现自己。因此，4号浪漫型孩子的
家长，需要尝试理解孩子的内向，注
重发挥孩子的长处与天赋。

4号浪漫型孩子性格全解读

4号浪漫型孩子，他们天生感性、敏感、情绪化，不喜欢被忽略。有的时候他们想问题会朝着负面去想，比较悲观。他们的性格特质中还有很多我们不知道的小秘密，就让我们一起来了解4号浪漫型孩子性格的全面特征吧。

4号浪漫型：喜欢按照自己的风格做事，不喜欢模仿他人，自尊心强，常容易暗自喜欢或嫉妒其他小伙伴

○核心价值观：浪漫、自由、独特，不愿意随波逐流。

○外在特征：举止优雅，有气质，有灵气。神色中常带着忧伤与哀愁。

○行为习惯：感情丰富、情绪多变，行动飘忽、无法捉摸。

○性格优势：性格温和，具有艺术气质，拥有过人的创造力，对美感有独特的洞察力。

○性格劣势：自闭，不愿主动说出自己的想法；敏感、多疑，情绪变化快；孤僻，不愿意与他人交流。

○性格陷阱：感情脆弱，容易受伤，自我封闭，容易产生无助、绝望的感觉，容易沉浸在自己想象的痛苦之中。

○人际关系：给人一种难以接近的感觉，但是会同情他人的不幸遭遇，是很好的倾诉对象。

○内心活动："我希望更了解自己，只有这样我才能知道自己想要的是什么"。

○心灵误区："我总是被抛弃和遗忘的那个"。

○常用词汇：4号浪漫型孩子大部分情况下习惯保持沉默。

○兴趣培养：心算、化学、物理、写作、音乐、美术。

4号浪漫型孩子的主要性格及行为特征

○他们喜欢音乐、绘画和写作，有自己的审美标准，不希望自己和其他人一样。

○他们向往朋友之间的心灵交流和深入的人际关系，他们不会主动说出自己内心的真实想法，但希望身边的人能够理解他们，关心、关注他们。

○他们心灵脆弱、情感细腻，非常情绪化。

○他们有的时候想问题会很偏激、悲观，把事情朝不好的方向去想。因此，他们常常会思考令人沉重的话题。

○他们喜欢待在家里，不喜欢运动。他们常常会有一些天马行空的想象，有的时候并不能获得大部分人的理解。

○他们在面对陌生人的时候往往没有什么热情，总是表现得很冷漠。

○他们自尊心强，非常敏感。他们会在意他人的只言片语，假如觉得别人伤害了自己，就会很伤心，还会为一些琐事伤心流泪。

○他们会以自我为中心，不顾他人的感受。他们不喜欢别人侵犯自己的隐私，如果感受到侵犯就会很愤怒。

○他们对属于自己的东西占有欲很强，如果别人得到了他们想要的东西而他们没有，他们甚至会产生嫉妒心理。

○他们富有创造力和想象力，不喜欢平淡。他们外表温和，内心孤独，喜欢独处，不善于表达。

○他们喜欢写日记、编故事，在音乐和美术方面也很有天赋。

○当他们心情好的时候，他们做什么事情都会很有效率；当他们心情不好的时候，他们什么事情都不想做。

○他们常常会羡慕别人，当看到别人有而自己没有的东西时，会产生自卑感。

认真对待孩子，多沟通，不敷衍

老师发现静静最近总是闷闷不乐的。上课的时候她总是出神，老师让大家一起读故事，她都没有认真地读。就连她最喜欢的美术课她都不愿意好好上，总是拿着画笔在纸上随意涂鸦，不知道画的是什么。

于是，老师把静静叫到办公室，询问静静为什么对什么事情都提不起精神。静静一开始只是摇摇头不回答老师的问题，后来在老师的追问下，静静只回答了一句"我的妈妈不爱我了"，就离开了办公室。老师很困惑，于是找来静静的妈妈询问状况，可是静静的妈妈也很茫然，因为她觉得自己很爱静静，每天把静静照顾得也很周到，完全不明白为什么静静会有这样的想法。

这到底是怎么回事呢，让我们来看看一周前发生了什么。

这一天，静静画了一幅"我的妈妈"，老师觉得静静画得非常好，就表扬了静静，静静很开心，想回到家把这幅画送给妈妈。

可是那天妈妈加班到很晚才回家，回家后还有很多工作没有完成。妈妈在客厅里加班看工作上的资料，静静拿着那幅画跑过来问妈妈："妈妈，妈妈，你看我画的这幅画好看吗？"妈妈连头都没有抬："好看，静静乖，快去睡觉吧。"妈妈没有看到静静眼中的失落。

对孩子一时的敷衍，可能是大多数家长或多或少都做过的事情，往往也是出于无意，就像案例中静静的妈妈一样。可是如果是其他类型的孩子可能察觉不到你的敷衍，或者是根本就忽略了你的敷衍，但是对于敏感的4号浪漫型孩子来说，他们会因为家长的敷衍而担心、忧郁，他们会像静静一样觉得自己失去了父母的爱。

4号浪漫型孩子天生敏感，很容易察觉到别人的真实情感和情绪变化。家长的敷衍对于他们而言就意味着自己不重要，意味着不被爱，这会令他们特别难过，他们会萌生很多不好的想法。

所以，4号浪漫型孩子的家长要注意了，无论多忙、心情多么糟糕，对待孩子都要有一个认真的态度，不能敷衍孩子。还要关注孩子情绪的变化，如果孩子情绪变得很低沉，对什么事情都提不起兴趣，那么孩子可能是心情不好。这个时候需要家长与孩子进行沟通，了解孩子是因为什么事情闷闷不乐。如果是家长的原因，可以及时和孩子解释清楚，并明确孩子在自己心目中的地位。如果是其他事情，家长可以询问原因，帮助孩子解决问题或者是帮助孩子疏导心情，让孩子知道自己并没有失去任何的关爱。

防止孩子过度敏感，帮助孩子远离忧郁

　　某个4号浪漫型孩子的家长在孩子的成长日记中记录道："我的孩子才6岁，可是她很敏感，其他孩子觉得平常的事，在她那里却很重要。比如看见河边死了一条小鱼，她会感觉很悲伤；家里的一棵花落叶了，她也会觉得很伤感；就连看到电视里面的人物经历苦难，她也会觉得抑郁。我很为她担忧。"

　　4号浪漫型孩子感情丰富，心思细腻。他们多愁善感，有着悲天悯人的情怀，富有同情心。他们常常被自然美所打动，触景生情，忍不住悲伤、忧郁。他们还会每天反省自己，不断探索人生的意义。他们对于自己渴望的事

物和情感是非常敏感的，有的时候甚至因为过度追求完美而使自己陷入深深的失落之中。

4号浪漫型孩子原本就比其他类型的孩子敏感，他们会发现事物背后的真相和内在的生命力。他们喜欢用艺术和富有创造性的方式来表达自己的想法。但是他们的本质是内向、害羞的，所以在情感表达方面，他们往往不会直接向别人抒发或者倾诉自己的苦恼，他们只会把这种情感放在心里，或者是通过比较间接的方式表达。

4号浪漫型孩子对很多事情的观察会达到一种很细致的地步，他们经常在脑海中补充出很多的故事和情节，但是他们会往不好的方向去想。因此他们经常被死亡、悲哀所困扰。他们甚至会对他人的悲伤以及痛苦感同身受，也使自己变得很悲伤。因此，对于浪漫型孩子来说，最主要的一点就是让他们远离忧郁。

家长需要注意的是，忧郁情绪不仅仅和孩子的先天气质有关，还和家庭环境以及教育方式有关。如果家庭环境压抑、教育封闭或者是父母感情不好，都会给孩子造成压力，使他们逐渐走入心灵误区。他们在长期孤独、沉默、思虑过重、疑心重重的心境下成长，这会给他们的成长带来很不好的影响。

家长应该明确的是，对于4号浪漫型孩子来说，善于思考、观察敏锐以及善于分析问题是很好的事情，但是过度的敏感就不好了。家长帮助孩子远离忧郁，其中有一种很好的教育方式就是教会孩子排除不理智的思维。

4号浪漫型孩子往往凭着自己的感觉做事。但是实际上，很多孩子就是因为缺乏基本处理问题的能力，不懂得理性思考，才会造成自己情绪不佳。

家长要把孩子当成朋友对待，多谈心多交流，不要忽视他们的情绪，并且帮助他们克服消极的情绪。

那么，如何培养孩子的理性思维，不让孩子过于感性呢？在孩子出现悲伤情绪的时候，家长要对其及时安慰和疏导，并引导孩子对快乐的事情进行回忆，转移孩子的注意力。当孩子因为自然界的事物发展变化而变得悲伤时，要告知孩子这是万物生长的规律，是大自然的循环法则，一切事物的发展变化都要经历这样的一个过程，因此不必感到悲伤；如果孩子是因为影视剧中人物的不幸命运而难过，可以告诉孩子那只是故事的情节，并不是真实的；如果他们沉浸在某种情绪中难以自拔，可以问问他们当下的感受，让他们有机会抒发情绪，这也是帮助他们走出自我困扰的最好方式。

家长还可以将良好的心灵读物送给孩子作为他们的心灵指明灯，帮助他们释放不良情绪，弥补他们内心的缺失，让他们感觉到自己是被关心、支持和爱护的。给孩子一个快乐的童年，关注孩子每次的情感波动，这样孩子就能够逐渐摆脱过度敏感，不再为一点儿小事就忧郁悲伤。

引导孩子与人交往，走出自我封闭

4号浪漫型孩子喜欢探索自我，察觉自己内心的世界。他们尤其喜欢探索生命的意义，喜欢谈论一些哲理上的问题。有的时候他们会因为过度关注自我，关注自己所思考的问题，把自己封闭在自己的世界里，让周围的人难以接近，也很难走进他们的世界。

下面我们来看几则4号浪漫型孩子的心灵日记吧。

"我害羞、内向，陌生的场合总是让我感觉很不自在，我喜欢在自己熟悉的环境中待着。我不愿意面对陌生人和新鲜的事物，那会使我无法主动表达自己的想法。"

"我觉得自己最擅长的就是在脑海中旅行和漫游，我享受一个人自由地想象，在自己幻想的世界里徜徉。"

"我不愿意和别人说出自己内心的想法，我害怕别人嘲笑我。但是如果别人能够理解我的想法，我就会很开心，我愿意和他们交朋友。"

"我的朋友很少，能够理解我内心的人太少了，我宁愿自己一个人待着。我也不愿意向不懂我想法的人解释，更不愿意说服别人同意我的想法，那样太累了。"

"我特别爱幻想，我幻想自己可以飞到天上去摘美丽的星星，也会想象自己长大以后的样子。但是这些想法我是不会和别人说的，因为他们会觉得我的想法很幼稚。"

"我总是在心里想，就算自己做得再好也得不到别人的肯定。所以，很多时候我愿意做一只小蜗牛，缩在自己小小的壳里面，在心里默默地告诉外面的人，如果你们不懂我，就不要贸然地触碰我。"

"我非常渴望交朋友，尤其渴望交到一个可以让我依靠的朋友。他一定会非常在乎我的感受，也很用心来感受我的想法，绝对不能够表现出不关心我的样子，这样我会很难过。"

"如果别人对我很好，我一整天都会很开心；如果对我不好，那么我的心情就会很不好，什么事情都不想做。"

从上面的心灵日记中可以看出，4号浪漫型的孩子内心渴望有人能够了解他们的想法，渴望拥有知心朋友。他们虽然有时候喜欢独处，但是他们同样很享受和亲人、朋友在一起的那种安定、和谐。特别是当他们有了新的创意和好的想法时，他们特别希望能够有人与他们一起分享和交流。

4号浪漫型孩子不善于与人交往，特别是在陌生的场合，常常表现得很害羞、不自然，不能够很好地表达自我。这很容易让人误解，以为他们不喜欢与人交往。其实，他们很希望自己能够放松心情，和别人一起玩耍。

有时他们会表现得很冷漠，其实那不过是他们自卑、害羞所做出的防卫措施，实际上他们内心是充满热情的，渴望别人能够打开他们的心扉。

他们总是默默地关心、爱护别人，并认为身边的人应该理所应当地体会和察觉到他们的不良情绪，但并非所有人都像他们一样敏感。因此，他们常常会感到迷茫、失落，觉得没有人关心和爱他们。

当他们处于情绪消极状态时，他们会把自己和人群隔离开，把自己封闭起来。当沮丧、自卑、自怨自艾等消极情绪被集中起来，一旦再遇到其他困难，他们的心中就会感到失望、无助，情绪失控，甚至是崩溃。

所以，对于4号浪漫型的孩子，家长应该特别注意帮助孩子打破自我封闭的状态，学习与人交往。家长可以给孩子表达自己意愿的机会，培养孩子的表达能力。有的家长比较粗心也很暴躁，他们常常训斥孩子，忽略孩子的感受，使孩子没有任何发言权，这样就使孩子缺乏用语言正确表达情感的机会，使孩子更加封闭自己。

对于4号浪漫型孩子，家长要让孩子学会大胆表现自己，要多鼓励孩子，不能代替孩子做决定，要给孩子发展自信和表达独立见解的机会。

在家长的鼓励下，孩子才能有信心表达自我，与人交往。家长可以与孩子一起读书，给孩子讲故事，然后通过让孩子复述故事或对孩子进行提问等方式，训练孩子的表达能力。

与人交往是一门艺术，家长可以引导孩子与人交往，帮助孩子接触更多的人和事，打开4号浪漫型孩子的心扉。由于4号浪漫型孩子总是忠于自己内心的想法，常常忍受不了别人太社会化或太传统的习惯，所以会失去与他人进一步接触、交流的欲望。家长可以告诉孩子要懂得关注他人的感受，学会观察他人的情绪、性格、动机和意向，让孩子学会与人分享。

同时，家长的交往态度直接影响孩子交往能力的发展。家长要和孩子一起游戏、娱乐，在孩子面前树立榜样，对人热情，注重邻里关系的和谐，尽量形成温暖愉快的家庭气氛。

另外，还要多为孩子创造与其他小朋友交往的机会，可以请同龄朋友家的孩子到家里做客，还可以带孩子参加社区活动，让孩子在交往中体验与他人一起分享的乐趣，学习与人交流的方式。

帮助孩子关注现实，发展孩子天赋才能

4号浪漫型孩子具有艺术方面的天赋，他们想象力丰富，常常沉浸在自己想象的世界里，缺乏对现实世界应有的关注。

京京是个想象力特别丰富的孩子，他的小脑袋里总是会有很多奇奇怪怪的想法。他会幻想自己乘坐一艘有翅膀的船，飞到云彩里摘星星；还会幻想自己家的花盆里也有一只花仙子，晚上会飞出来翩翩起舞；他还会幻想自己的布娃娃可以听懂自己说的话。

　　于是京京总是躲在自己的房间里和娃娃说话，他不愿意去幼儿园，也不愿意去和其他的小朋友玩。父母看到他这个样子，很为他担忧。

　　4号浪漫型孩子喜欢享受独处的快乐。他们喜欢用很长的时间去冥想，不会关注外在的世界，也不会主动思考现实问题，他们认为现实世界是很无趣的。

　　4号浪漫型孩子对每件事物都有很高的敏感度，他们能够发现每件事物内在的特性。他们喜欢用艺术手法和富有创造力的方式来表现自己的想法和情感。

　　对于孩子这方面的特质来说，家长需要帮助他们去关注现实，引导他们思考一些现实的事情。这一切的前提是家长需要了解孩子的独特性格，学会理解和体谅他们的与众不同。家长不能采用过激的方式，强制孩子放弃自己的想象，回归到现实。而是应该与孩子耐心交流，逐步引导，给予孩子更多的鼓励与关怀，并根据孩子具有的想象力和艺术天赋发掘孩子的才能。

　　其中很重要的一点就是，家长要鼓励4号浪漫型孩子表现自己，多用一些时间与孩子进行交流，这样孩子才能朝着身心健康的方向发展。

　　家长还需要给孩子提供发展各项兴趣的机会。当孩子对事物感兴趣的时候，是引导他们发挥天赋的最佳时机。当孩子在头脑中进行幻想的时候，家长可以引导孩子通过写故事、绘画或者是其他方式表达出来。让孩子从中体验到快乐，这样孩子就能够逐渐学会用其他方式表达出内心的想法。

　　但是家长也需要注意，在开发孩子天赋和才能的过程中，不能过于性急。那样非但不能够促进孩子能力的发展，还会产生揠苗助长的效果，阻碍孩子天赋才能的开发。

　　一些家长急于求成，给孩子施加了过大的压力，这样不仅会使孩子逐渐产生厌烦心理，还会让孩子放弃自己的想象，本来美好愉悦的事情会让孩子觉得很累。因此，家长要注意给孩子提供一个快乐自由的发展空间。

保护孩子的独特，欣赏孩子的想象力与创造力

4号浪漫型孩子渴望自己的内心世界被人认同，但他们往往我行我素，有自己独特的性格。他们不媚俗、感情丰富、思想浪漫、富有创意，拥有敏锐的触角和独特的审美眼光。因此，生命对他们而言，不是理性探索的过程，而是发掘自己心灵世界的旅程。

4号浪漫型孩子的内心活动是："我必须特殊而且独特，才能够吸引别人来爱我，但是在我的内心深处，我常常会觉得自己不配拥有完美的爱，为此我常常担心会被遗弃。"

亮亮的爸爸很为自己的孩子苦恼，他认为亮亮反应很慢，情绪也极不稳定，总是喜欢一些奇奇怪怪的东西，并且思维总是很跳跃，想象力过于丰富，他怕孩子以后不合群，也不能够认真地学习。

这一天，亮亮在练习写字，他在写"雨"字，可是爸爸发现亮亮并没有按照字帖上的去写，他在"雨"字上点了很多很多的点。爸爸问亮亮："你为什么要点那么多点啊？"亮亮抬起头，十分开心地告诉爸爸："因为下雨的时候雨滴比四个点多很多啊！"爸爸听了以后让亮亮按照字帖上的重新写，并且告诉亮亮虽然雨滴有很多没有错，但是写字的时候为了简便，只写四个点就够了。亮亮听了以后很不开心，但还是按照爸爸说的做了。

亮亮画的画也和其他小朋友不一样，他画里的天空是粉红色的，溪水是金黄色的，小熊会长出五彩斑斓的翅膀。他也不喜欢和小朋友玩游戏，反而喜欢自己在家里玩拼图。当大家都喜欢变形金刚的时候，他却迷上了迷你的小玩偶。

爸爸虽然知道这些都是孩子与众不同之处，可是爸爸担心孩子这样太独特，会给他以后造成不好的影响。他也总是想要纠正孩子的想法，让孩子回到正轨上来，可是又怕自己的方式不对反而会让孩子更加叛逆。

上述案例可能是大多数4号浪漫型孩子的家长的真实心理，他们知道孩子的性格独特，也知道孩子有丰富的想象力和创造力，但是他们不知道怎样与孩子相处。其实孩子的世界并没有想象中的那样复杂。对于4号浪漫型孩子，父母要接受及认同他们的感觉及情绪，重视他们艺术方面的特殊才能。不要给孩子标注"我的孩子和别人不一样"的标签，也不要给孩子立下"跟别人做一样的事"的标准。

当孩子沉浸在自己的想象中时，不要用自己眼中的现实去纠正他们，也不要斥责管教他们，强制他们改变，而是应该理解孩子，站在孩子的角度去看待他们编织的独特美丽的梦想。家长还应该学会赞赏孩子的想象力与创造力，将他们的想象与创造同他们的天赋才能结合起来，顺应他们的兴趣，让他们自由地发挥特长。

家长不要挑剔孩子太过于感情用事，对孩子应该多一些关心和爱护，避免将自己的想法强加于孩子。过多的干涉会使孩子失去他们宝贵的想象力与创造力。

与4号浪漫型孩子相处小秘诀

与4号浪漫型孩子的相处禁忌及调整方式

〇不要对孩子过于冷漠，不能敷衍孩子。4号浪漫型孩子是极度敏感的，并且他们对于父母的爱是极其渴望的。他们能够从他人对自己的善意上吸取能量，当感受到身边人的关爱的时候，他们无论做什么事情都很有动力，反之将会极其消极。如果家长对于孩子是冷淡、冷漠的，孩子感受不到父母的爱，那么4号浪漫型孩子就会更加封闭自己，悲观消极，甚至会做出极端的选择。

建议父母多与孩子进行交流，询问孩子内心的真实想法，在日常生活中认真对待孩子，认真聆听孩子的话并给予回应。可以常常拥抱孩子，并告诉孩子你对他们的爱意。

〇不要触及孩子的底线，尊重孩子敏感的自尊心。4号浪漫型孩子有很高的敏感度。这种敏感的性格在为4号浪漫型孩子带来大量信息的同时，也极大地影响了他们的情绪，身边人一个不经意的眼神或者玩笑，都有可能会对他们造成伤害。因此，面对这种敏感的孩子，家长要尽量给予他们正面评价，不能嘲笑或者是严厉批评孩子的想象。

建议父母尊重孩子的自尊心，讲话要谨慎，不要当众指责、批评他们，还要对他们的才干和长处表示欣赏，尽量避免使他们产生负面情绪。鼓励孩子做到平凡而不平庸，独特而不怪异，但是不要干涉孩子的私人情绪和空间，尽量在心理层面理解孩子。

○不要阻碍孩子兴趣的发挥，不要觉得孩子性格怪异。4号浪漫型孩子具有自己独特的气质，他们追求与众不同，有的时候会表现得与其他孩子不一样。有的家长会强制孩子做改变，让他们顺应大多数孩子的发展轨迹，这样做是错误的，会给孩子的身心带来伤害。

建议做一个开明的家长，鼓励孩子学习他们感兴趣的东西，尤其是不要阻碍孩子对艺术的热情，要知道学习成绩并不是人生的全部。鼓励孩子有自己的个性思考和表达，即使你和孩子的观点正好相反。要学会接受孩子的性格，接受孩子自己的风格，即使孩子的选择与你截然不同。

如何打开4号浪漫型孩子的心扉

○常常与孩子谈谈心事，注意聆听并对孩子的想法表示理解。4号浪漫型孩子的心理并不是每个人都能够理解的，家长在与孩子谈心的时候，需要注意聆听孩子的想法，不要着急把自己的观点强加于孩子。在与孩子建立相互信任的默契之后，再与孩子分享自己的观点，让孩子也能尝试理解你的想法。这样孩子就会逐渐打开自己的心扉，不再过于封闭自己。

○与孩子沟通时尽量避免使用情绪字眼和肢体动作。4号浪漫型孩子是很难打开自己心扉的。他们虽然很情绪化，但是也很讲道理，即使他们在情绪当中，他们也能够明白是非对错。因此，家长在平时与孩子的相处中，应该注意营造与孩子的相互信任感。当他们开始陷入低潮时，帮助他们厘清事实，沟通时尽量温和理性，避免情绪化的词汇和发生肢体上的冲突。

○走进孩子的想象，引导孩子分享自己想象的世界。4号浪漫型孩子虽然具有很强的想象力，但是他们通常很难把自己的想法分享给别人，他们更愿意独自沉浸在想象的世界里。家长要想打开孩子的心扉，就应该鼓励孩子说出自己的想象，并对孩子的想象产生兴趣，从而亲自参与到孩子的想象之中。这样做，不仅能够鼓励孩子与父母进行交流，还能够知道孩子的世界究竟是怎么样的，与孩子达成一种亲子默契。

○鼓励孩子进行创作，并对他们的作品给予真心的赞美。4号浪漫型孩子天生具有艺术天赋，但是如果没有人能够理解他们的作品，他们就会放弃尝试。作为孩子的家长，欣赏孩子的作品也是打开其心扉的一种方式，因为孩子的作品中有他们的内心世界。家长要多鼓励孩子进行创作，并理解与赞美他们的作品，渐渐走进他们的内心世界。

如何让4号浪漫型孩子更有效地学习

○提醒孩子学习不要只学自己喜欢的科目。4号浪漫型孩子因为性格的原因，容易对文科类科目的学习产生浓厚的兴趣，不喜欢数学、物理一类偏理性化的科目。家长要提醒孩子的是，不要只学习自己感兴趣的科目。对于孩子不太感兴趣的理科科目，家长可以和孩子一起做一些与现实生活密切相关的简单实验和简单题目，激发孩子继续探究的兴趣。随后再逐渐增加难度，帮助孩子完成一些逻辑思维较强的题目。还可以提醒孩子将自己薄弱的科目放在前面去学习，千万不要在疲惫的时候学习自己不喜欢的科目，那样只会觉得更枯燥无味，从而失去学习的动力。

○渴望自己的独特受到关注。4号浪漫型孩子非常在意他们的表现有没有得到老师的注意。如果老师能够特别关注4号浪漫型孩子，尤其是当4号浪漫型孩子做了什么很棒的事情让老师将他们记在心里，或者是很细小的事情老师居然也注意到了，然后还特别夸奖了他们，那么4号浪漫型孩子通常就会很喜欢这位老师，也会爱上这个老师教的科目。

4号浪漫型孩子非常希望获得老师的赞赏，但是他们希望的不是"你很棒、你很好"这种没有明确指向性的敷衍的赞扬，他们希望得到的是"你很棒，你的书桌总是很整齐"这种具体明确的称赞。只有这样，4号浪漫型孩子才能感受到莫大的鼓励，感觉到自己真的很棒，从而发挥出其巨大的潜力。

对于这方面，家长可以与老师进行沟通，让老师能够多关注孩子的进步，尤其是孩子薄弱的科目，希望老师能够适当表扬孩子，让孩子爱上学习，全面发展。

如何塑造与4号浪漫型孩子完美的亲子关系

〇与孩子一起旅行。4号浪漫型孩子很喜欢旅行，他们渴望通过旅行换一个环境，接触他们感兴趣的新鲜事物。对于他们来说，旅行让他们乐此不疲，是释放心灵压力的好契机。而父母与孩子一起旅行，可以拉近亲子间的距离，在旅途中彼此交流内心的感受，让孩子感受到家长的陪伴。长期待在同样的环境里，每天三点一线的生活也会让4号浪漫型孩子感觉很压抑，会造成他们心情低落，因此，旅行是缓解他们郁闷情绪的好办法。

〇奖励和认同也能拉近亲子距离。当4号浪漫型孩子完成了某项正确的事情或者达成某项成就的时候，家长要及时给予孩子奖励和认同，这会让他们收获更多积极正面的能量。这样他们如果完成了某项成果，就会想与父母分享，从而形成和谐的亲子关系。相反，如果孩子做错了事情，或者是在完成某项事物的过程中遇到困难，家长要及时给予孩子安慰、关心和帮助。让孩子无论做什么事情都能感受到父母的支持，这样他们就能够主动打开心扉。

〇选择适合孩子的游戏，并与他们一同玩耍。4号浪漫型孩子是不愿意主动和别人玩的，但是如果别人邀请他们一起玩，他们也不会拒绝。当游戏不是他们喜欢的类型时，他们虽然会参与，但是情绪不一定会很高。这就需要家长体谅孩子的心情，主动寻找4号浪漫型孩子喜欢的游戏，比如积木、拼图、填色、迷宫以及孩子感兴趣的棋牌类游戏。家长还可以询问孩子喜欢什么样的游戏并陪孩子一起玩，这样不仅可以知道孩子的真实想法，还能够拉近亲子距离。

4号浪漫型孩子最想听的一句话

"我理解你的心情，有什么话你可以和我说。"

第六章

5号智慧型：尊重孩子探索欲，注重发展社交商

5号智慧型孩子通常比较沉静、独立，喜爱阅读，但是不善交际。因此，5号智慧型孩子的父母应给予他们独立的空间去思考和处理自己的问题。

5号智慧型孩子性格全解读

5号性格的孩子属于智慧型的孩子。他们非常理性，经常喜欢自己一个人在房间里思考事情，或者研究小东西。他们喜欢阅读，希望能够了解更多自己不知道的事情，获得知识能够让他们感到满足。他们的性格特质中还有很多我们不知道的小秘密，就让我们一起来了解5号智慧型孩子性格的全面特征吧。

5号智慧型：沉默，喜欢动脑思考，想法独特，常有自己的创意

○核心价值观：喜欢思考，想要了解这个令自己充满疑惑的世界。对物质方面要求不高，喜欢精神层面的生活。

○外在特征：温和、优雅，有学者风度，神色自然淡定，有书卷气质。穿衣简约朴素、得体大方，不会过于注意衣服的品牌和样式，讲究的是衣服的整洁与整齐。

○行为习惯：不断追求新的知识，探索自己好奇的事情，并不断学习，渴望用知识印证一切未知的事物，也习惯用知识指导自己的行为。喜欢观察研究、思考分析、钻研探索。

○性格优势：热衷于对知识和理论的探索，对世界有深刻的洞察。

○性格劣势：喜欢按照自己的意愿做事，有时会违反规则。固执己见，不喜欢听从他人的意见。

○性格陷阱：沉默寡言，缺乏活力和热情，不善于与他人交流，喜欢独自一人，对自己的能力很有信心，很少询问他人的意见。

○人际关系：不喜欢和没有深度的人交谈，因此常常和别人意见不合，容易与人发生矛盾。

○内心活动："在家里不能探索未知的世界，有时会让我觉得很难受"。

○心灵误区："如果和别人保持距离，不让别人走进我的世界，就可以避免干扰"。

○常用词汇："我想""我认为""我的分析是""我的意见是""我的立场是"。

○兴趣培养：音乐、饲养小动物、家庭日常家务活动、户外劳作、户外拓展活动。

5号智慧型孩子的主要性格及行为特征

○他们往往是班集体活动的旁观者而非参与者，他们不喜欢父母和老师对他们要求过高，这样会让他们觉得很不自在。

○他们循规蹈矩，温顺善良。他们总是表现得彬彬有礼，说话简洁有条理，也很有包容心。

○他们跟身边的人缺少互动，与他人的情感不深，也不愿意与人进行深交，更不会主动搭讪去交朋友。

○他们在参与他人的事情前，总是很认真地细心观察他人。而在问题发生之后，他们认为若由自己解决会处理得更好。

○即使年龄很小，他们也有自己的观点和立场，对事情有独到的见解，并不会随波逐流，也不轻易改变自己的想法。

○他们喜欢数学、物理、化学、生物等具有探索知识性的学科，不喜欢语文、历史等很容易接受的学科。

○他们的逻辑思维能力很强，特别喜欢向家长和老师提出问题。

○他们不喜欢参加集体活动，喜欢自己读书或者是探索自己感兴趣的问题。他们能够长时间地研究自己感兴趣的东西，乐此不疲，非常重视个人空间与时间。

○他们对物质生活要求不高，思想境界却具有一定的高度。

○他们比较文静，冷漠而且害羞，不善于表达自己，不喜欢告状，因此常常会受到其他小伙伴的欺负。

○他们常常不会注意自己的外在装扮，他们只是将时间用在读书以及搜集资料上，会忙碌到忽略其他的事情，甚至觉得除了学习知识以外做其他的事情都是浪费时间。

○他们在与他人进行沟通的时候，常常语调平和，喜欢绕弯子，会刻意表现出自己的深度，但是不会流露出自己内心的真实情感。

○他们认为知识是最重要的，所以他们把自己的注意力全部放在获得知识上。他们觉得在阅读书籍中获得知识是最幸福、最安然的。

○他们在人群中会很不自在，甚至迎面遇见熟悉的人，也会产生避而不见的心理。

告诉孩子掌握了知识，也要注重实践

　　5号智慧型的孩子最显著的特点就是思考重于行动。他们喜欢学习自己感兴趣的知识，但是却很少公开发表自己的意见，也很少用实践印证自己所知道的知识。

聪聪从认识字开始就非常喜欢读书，他尤其喜欢《十万个为什么》和《百科全书》。他总是躲在自己的房间里一遍又一遍地读这些书。这些书不仅让他了解了许多植物和动物的秘密，还让他知道了不少生活常识。

可是父母发现，聪聪不喜欢主动将这些知识告诉别人，也不愿意尝试着实践。平时他和大家的交流很少，这让父母感到很担忧。

某一天，爸爸和聪聪路过植物园，爸爸想到了一个好办法。爸爸问聪聪："聪聪，你看了很多很多关于植物的书，今天我们就进去看一看植物是不是和书里写的一样，好不好？"聪聪想了想，点头答应了。

进了植物园之后，爸爸明显感觉到聪聪很开心，就引导聪聪："聪聪，你看，那个是含羞草，爸爸一碰它，它的叶子就合了起来。你能告诉爸爸这是为什么吗？""那是因为含羞草的叶子下面有一个可以收缩的像小枕头一样的组织——叶枕，叶枕的细胞里面充满了水分，看着胀鼓鼓的。爸爸你用手碰到含羞草，叶子会受到震动，叶枕中的水分马上向叶子的四周流去，叶枕出现凹陷，就会合起来，叶柄也会垂下去。等过一会儿，叶枕中的水分重新充满后，叶子又会逐渐恢复原来的样子啦。"聪聪略带得意地和爸爸解释着，周围的大人听到聪聪的解释都夸奖他是一个聪明的孩子。聪聪也用手去触碰了含羞草，他感受到含羞草和书里描述的一样。

那一天聪聪看到了很多书里面描写的植物，爸爸也会用提问的方式引导聪聪动手实践，后来慢慢地，不用爸爸提问，聪聪就会主动和爸爸讲自己知道的知识，并通过观察植物将自己的知识具体化，聪聪觉得自己从来没有这么开心过。

回到家以后，聪聪也不再只是在自己的房间里读书，他更愿意和父母一起对书里的知识进行验证。他不但会提醒切洋葱的妈妈记得把洋葱放到水里切，这样就不会流泪，还会提醒爸爸在种花的时候记得检查一下花盆下面是不是有小洞。看着聪聪渐渐地愿意交流、分享，而不是封闭自己、独自思考，爸爸感觉很欣慰。

5号智慧型的孩子喜欢思考，但是他们不愿意去实践，长此以往他们就会显得自闭、不合群，甚至会对知识的理解存在局限性与偏差。他们系统思考的能力很强，也能够在头脑中总结自己知道的知识。但是他们不喜欢行动，这是由于他们面对自己不知道的事物会有一种不安全感和恐惧感，他们虽然获得了知识，但是仍觉得自己并没有对于一切都了如指掌。

家长可以尝试着引导孩子，给孩子制造一种安全和安定的环境，带着孩子去探索、实践。像聪聪的爸爸一样，运用灵活的方式引导聪聪，从而激发孩子的实践意识。

5号智慧型孩子在长大之后，他们的智慧往往是令人崇拜的，但是如果孩子不愿意交流、分享，那么就会使周围的人觉得他们性格怪异，很难融入现实生活中。因此，家长一定要关注孩子的成长，带领孩子去探索未知、实践已知，这样孩子才能够更健康地成长。

给孩子自由思考问题的空间和时间

5号智慧型孩子需要高度的隐私，如果不能获得属于自己的自由空间和时间，他们会感觉焦躁和懊恼。因为只有在自己的空间里，他们才能够思考一些事情，并感受到在日常事务中体验不到的安定情绪。因此，家长要给予5号智慧型孩子足够的空间和时间，帮助孩子营造一个安全、静谧的私人世界。如果家长贸然干涉孩子的隐私，孩子就会变得更加内向封闭。

阳阳每天从幼儿园回来的第一件事情就是到自己的房间里写写画画，有的时候甚至到了晚饭时间都不愿意从房间里出来，妈妈叫了他几次，他只是说等一会儿。

有一次妈妈很生气，她喊了阳阳两次，阳阳都没有从房间里面出来。妈妈连门都没有敲就进了阳阳的房间，拿走了阳阳的图画本，说如果阳阳不吃完饭就不还给他，于是，阳阳害怕地哭了起来。

从那以后阳阳变得很听话，妈妈每次叫他的时候他都马上答应。但是他也变得战战兢兢，妈妈每次进他的房间他都很害怕。他也不再主动去和妈妈说话了。妈妈发现了阳阳的变化，想要和阳阳沟通，但是阳阳却选择封闭自己。

阳阳在自己的日记中写道："我只是想在自己的房间里想一会儿事情。我想知道，天空为什么是蓝的？为什么小鸟会飞而我不会？我是从哪里来的？为什么我的爸爸妈妈不是别人的爸爸妈妈？妈妈为什么进我的房间不敲门？为什么她要抢走我的日记本？我害怕妈妈。"

5号智慧型孩子喜欢思考，他们需要的是属于自己独立、自由的空间。他们有的喜欢自己玩游戏，有的喜欢看书，有的喜欢自己在房间里写写画画，这些都是使他们感觉很有安全感、很充实自在的事情，他们享受这样的时光。

而5号智慧型孩子的家长其实需要做的就是给孩子这样一个自由的空间，让孩子有自由发展的权利。这样做的方法有很多，其中最基本的一点就是与孩子保持适当的距离。

在孩子独处的时间和空间里，家长不要紧紧地盯着孩子，这样他们会觉得很不自在。但也不能完全置之不理，否则孩子也会与家长变得很疏远。最好的做法就是跟孩子保持一定的距离，给孩子一个自由的空间。当发现孩子遇到困难的时候，或者陷入困扰的时候，家长可以及时给予指导，帮助孩子解决困难、消除困惑，树立孩子的自信心，使孩子战胜困难。当孩子取得成功时，家长应该慢慢退出孩子的世界，且不要让孩子察觉。

家长还要留心孩子独立思考和玩耍的时间。这个时间可以是家长与孩子商量后决定的，可以设置在孩子吃完饭与休息充足之后，这样就可以避免产生冲突与矛盾。

玩具也是陪伴5号智慧型孩子成长的好伙伴，家长可以根据孩子的喜好，给智慧型孩子提供一些益智类的玩具。例如积木、磁力片、拼图等，这些都会是5号智慧型孩子独处的亲密伙伴。他们还对心智活动以及可以发挥自己想象力的游戏格外感兴趣，如智力竞赛、电脑操作、电子游戏、阅读、收集物品以及昆虫研究和化学实验。家长可以适当参与，但不要干涉孩子的游戏。

尊重孩子的好奇心，耐心解答孩子的问题

与其他类型的孩子相比，5号智慧型孩子的好奇心格外强烈。他们会想知道很多问题的答案，对于世界上的每件事情都想弄清楚。他们渴望自己能够获得越来越多的知识，这样他们会觉得自己的人生充满了意义。因此，他们在遇见问题的时候，会很想向身边的大人提问，并且希望能够得到他们想要的答案。

涵涵是一个爱提问的小朋友，他对这个世界充满了好奇心，他想知道所有问题的答案。他经常会向父母提出自己不懂的问题。可是有一次，妈妈的心情很不好，涵涵没有察觉到，依然跑到妈妈身边问："妈妈，为什么肥皂可以把脏衣服洗干净？为什么微波炉可以加热食物？为什么有的花是香香的，有的花却没有味道？为什么一到春天杨树上就会挂满毛毛虫？"妈妈实在没有心情帮助涵涵解答问题，于是很敷衍地和涵涵说："告诉你，你也不会明白的，等你长大了自己就知道了。不要烦妈妈，自己去玩一会儿吧。"涵涵很失落，跑到自己的房间里，关上房门不出来。

晚上爸爸下班回来，涵涵都没有出来迎接他，爸爸知道涵涵可能是因为什么事情不开心了，于是轻轻地敲了敲涵涵的门："涵涵，你睡觉了吗？今天怎么不开心呢？有什么事情和爸爸说一说，好吗？"涵涵听到爸爸询问自

己，打开了房门，请爸爸进屋坐下："爸爸，老师都表扬我是爱提问、爱思考的好孩子，可是妈妈为什么不愿意回答我提出的问题呢？"

爸爸知道可能是妈妈心情不好，没有及时解答孩子的问题，让孩子沮丧了，于是安慰涵涵："妈妈不是不回答你的问题，是妈妈也不知道问题的答案，妈妈心情不好，你要体谅妈妈，好吗？有什么问题你问爸爸，爸爸和你一起找答案。""嗯。"涵涵听了爸爸的话高兴地点了点头。

5号智慧型孩子天生好奇心强，他们会不自觉地对很多事情产生疑问，有的时候他们并不能通过自己的阅读和探索满足自己的好奇心，只能去问他们的父母或者是老师。因此，当孩子向你提出了问题的时候，不要敷衍孩子，也不要因为自己不懂就和孩子说"告诉你，你也不明白，等你长大了自己就知道了。不要烦我，自己去玩一会儿吧"这一类的话，而是应该耐心地和孩子交流。即使你当时真的心情不好或者是真的不懂那个问题，也可以说"妈妈现在不能帮你解答，等下爸爸回来问他，好不好"或者是"这个问题我也不懂，我们一起去找答案，把它弄清楚，好吗"。

其实对于5号智慧型孩子来说，也许他们提问并不一定就是要一个准确的答案。他们的快乐有的时候只是在提问和探索问题的过程，而不仅仅是知道答案本身。所以，如果家长能够认真对待孩子的问题，并对孩子的提问有一个交代，他们的好奇心就会被保护，也会在心中逐渐对家长产生依赖感与信任感。如果家长拒绝孩子的"为什么"，那么无异于折断了他们思维的翅膀。

需要注意的是，家长不能因为孩子的问题过多，就不管对错随便告诉孩子答案，尤其是对于一些重要的、涉及科学知识的问题，必须要确定答案没有错误再告诉孩子。

支持孩子的决定，尊重孩子自己的选择

对于5号智慧型孩子来说，他们总是思考很多问题，他们信守承诺，有自己的想法，但是他们不善于表达自己。其实，他们内心对于自己坚信的东西是很执着的，因此他们也很有自己的主见，不会轻易改变自己认为对的想法和决定。

凌凌快上幼儿园了，妈妈想让凌凌去距离家里只有几步远的芳草幼儿园，可是不知道为什么，凌凌偏偏要去乘车也要二十几分钟才能到的欢乐幼儿园。

为此凌凌和妈妈发生了很多次争吵。妈妈的态度很坚决："我已经帮你和芳草幼儿园的老师说你要入园的事情了，你周一就要去芳草幼儿园试读。欢乐幼儿园离家远，我上班也不顺路，不能去。""我不去，我不去，我就要去欢乐幼儿园。""你这个孩子真不听话，你再这样就哪个幼儿园都不要去了。"妈妈生气地回到自己的房间，凌凌也哭了起来。

爸爸回到家看到坐在沙发上哭泣的凌凌，知道母子俩又为上幼儿园的事情争执了，便问凌凌："凌凌，你能告诉爸爸为什么一定要去欢乐幼儿园么？""因为我和邻居家的牛牛哥哥是好朋友，我已经答应牛牛要去欢乐幼儿园和他一起读书了，而且欢乐幼儿园有一个小小的图书室，芳草幼儿园没有。我喜欢幼儿园里有我熟悉的牛牛哥哥，我想和牛牛哥哥一起去图书

室看书。"

爸爸知道凌凌喜欢读书，并且他答应牛牛会去欢乐幼儿园，就一定会信守承诺的。妈妈听了凌凌的解释，觉得自己确实忘记询问孩子的想法，这样做是不对的，她决定尊重凌凌的选择。牛牛的父母听说凌凌要和牛牛一起上欢乐幼儿园也很开心，并表示如果凌凌的父母没时间接送孩子，他们愿意在送牛牛的时候一起送凌凌，这样就解决了凌凌妈妈上班不顺路的问题。凌凌终于能够遵守自己的承诺，并且在那里有自己熟悉的朋友和自己喜欢的故事书，他特别希望上幼儿园的日子能够早一点到来。

5号智慧型孩子本身就不是特别喜欢娱乐活动，因此在人际关系上显得很木讷和理性。但在寻求独处的放松感的同时，他们也渴望有熟悉的朋友陪伴。他们虽然不喜欢被骚扰，但是如果是信任的人，他们愿意打开自己的心扉、邀请对方走进他们的世界。

就像案例中的凌凌，他很珍惜牛牛这个朋友，不愿意违背和牛牛的承诺。5号智慧型孩子，不愿意到一个新的环境里重新结交新的朋友，那样会让他们的内心充满恐惧。但是有的家长并不明白5号智慧型孩子的内心活动，他们不询问孩子的心情和争执的原因，就帮孩子决定一切，甚至有的家长看到孩子不愿意和小朋友一起做游戏，还会强行把孩子拉到游戏圈子里。这些都会让5号智慧型孩子觉得很难过，他们会觉得不自在，也会逐渐疏远家长。

因此，5号智慧型孩子的家长需要支持孩子正确、正当的决定，尊重孩子的选择，不要不询问孩子的意见就做决定。有的时候家长觉得帮助孩子做决定是为了孩子好，是爱孩子，但是如果不是孩子需要的，反而会成为亲子疏远的原因。

作为不愿意主动解释和沟通的5号智慧型孩子的家长，要对孩子多一点儿耐心和理解，多一份肯定和支持，相信孩子会成长得更好。

鼓励孩子与人交往

　　社交是孩子适应社会的重要途径，孩子只有在交往中才能够学会协调各种关系，才能够很好地融入这个社会，充分发挥自己的能力，展现自己的积极性、主动性与创造性，从而更好地成为想要成为的人。

　　但是5号智慧型孩子一般都喜欢独自行动，他们的朋友很少。即使身边有小伙伴想和他一起玩，他们也会下意识地拒绝，很少让别人走进自己的内心世界。

　　畅畅从小就很不愿意和小朋友们一起玩，就算妈妈把她带到了外面，她也只是坐在一边玩自己手里的玩具娃娃。为此妈妈感到很担心。

　　畅畅上了幼儿园以后，老师也发现了畅畅的不同。畅畅总是喜欢坐在某个角落里，有的时候双眉紧锁，静静地坐在那里，就算身边的小伙伴们叽叽喳喳说个不停，她也会一言不发。老师经过一段时间的观察，发现畅畅很不愿意说话，哪怕是下课后或者是在手工活动课上，她都不愿意主动和同学说话，也不爱和同学一起玩耍，更不要说上课主动回答问题了。

　　为了能够打开畅畅的心扉，老师和畅畅的妈妈进行了交流，希望一起采取一些办法帮助畅畅学会与人交往。在幼儿园里，老师会主动找她谈心，询问她最近在玩什么玩具。上课的时候，老师也会给畅畅一些鼓励的眼神，即使畅畅没有举手，也会提问她一些简单的问题，并对她的回答给予肯定。放学之后，妈妈会让邻居家活泼开朗的孩子陪畅畅一起玩玩具娃娃，慢慢地，畅畅变得开朗了，也愿意和身边的小伙伴沟通了。

大多数5号智慧型孩子都是沉默寡言的，他们不会有同龄孩子爱动、爱玩的特点，他们比较腼腆，说话声音低微，很少主动提出要求，也不敢一个人外出。对于不懂得人际交往的5号智慧型孩子来说，家长尤其需要培养孩子在人际交往方面的能力。

那么，孩子究竟为什么不愿意与人交往呢？在对大部分孩子进行心理调查之后，我们发现孩子不愿意与人交往是因为他们心里害怕。尤其是对于内敛的5号智慧型孩子来说，他们很害怕自己的内心世界被陌生人闯入，他们担心没有人会愿意探究他们所思考的问题，他们更害怕打开心扉后受到伤害。

针对孩子这样的心理，家长必须要提高培养孩子社交能力的意识。其中角色扮演游戏是一种很好的方式，通过角色扮演游戏，孩子可以通过想象，创造性地模仿现实生活中的人和事。家长还可以为孩子模拟在人际交往中可能出现的场景以及对话，再现人与人之间的关系，消除孩子的恐惧感。

　　家长还要在日常生活中为孩子提供较多的交往机会。作为孩子最亲密的人，家长不管平时工作有多忙，每天都应该抽出一部分时间，全身心投入到孩子的世界中去，和孩子一起玩耍，鼓励孩子说出自己的想法，做孩子的倾听者与指导者。

　　此外，家长还要鼓励孩子多与长辈、老师、小伙伴交往。可以引导孩子对给予自己帮助的人，如医生、服务员等表达自己的谢意，从说"谢谢"开始，引导孩子对周围人产生兴趣，这样孩子就不会像原来一样怕生、退缩。还可以让孩子在熟悉的地方和熟悉的孩子一起玩耍，然后再逐渐扩大孩子的交际环境与交往人群。如果家里来了客人，可以让孩子主动接待，这些都能够很好地为孩子提供交往的机会。

与5号智慧型孩子相处小秘诀

与5号智慧型孩子的相处禁忌及调整方式

○不要干涉孩子的私人空间，不能窥探孩子的隐私。对于5号智慧型孩子来说，家并非是安全、让人安心的。他们有的时候会很缺乏安全感，因为在家里有的时候也很难获得他们所认为的那种轻松的状态。他们更希望自己能够有一个独立的空间，完全不被人打扰和发现，他们就能够在自己的世界里获得真正的放松和自由。有的时候家长的过度关爱，在他们眼中也是一种打扰和干涉，令他们心中失去那份安静的氛围。

5号智慧型孩子很享受独处的时光，他们觉得沉浸在自己的世界里是非常舒服、放松的，这可以让他们独立思考、独自游戏，不受干扰，自由自在。他们反感身边人对他们的过多干预，因此他们往往会将注意力转移到其他事物上去。建议家长保护孩子的私人空间，当孩子独处的时候不要轻易打扰。如果孩子有写日记或者记录心情的习惯，家长不要尝试窥探孩子的隐私，也不要试图发现孩子的秘密，这样做会使5号智慧型孩子更加没有安全感。

因此，对于5号智慧型孩子，家长需要亲切、有耐心，但是也不能过于亲密和依赖。因为孩子喜欢与人保持距离，所以家长要尊重孩子的界限。

○不要插手孩子之间的矛盾。5号智慧型孩子是比较固执且有主见的，他们很容易因为不妥协而和小伙伴发生一些摩擦。其实同伴之间的争吵是很正常的，争吵可以增强孩子自己解决纠纷的技能，还能够丰富孩子的社会经验。

对于孩子之间的矛盾，家长需要的是冷眼观察，适时提出建议，也可以给予一些暗示，但是不要随意干涉。尤其是对于5号智慧型孩子，他们对人与人之间的关系是很敏感的，他们不愿意什么事情都让家长插手。建议家长先试着慢慢走进孩子的内心世界，这样孩子自然就会习惯在出现问题时向父母请教了。

○不要给5号智慧型孩子贴上"害羞"的标签。很多5号智慧型孩子的家长发现自己的孩子不愿意与人交往、沉默的性格特点，因此就给孩子贴上害羞的标签。其实孩子不愿与人交往不仅仅是因为害羞，而是他们内心对社交具有一定的恐惧感。如果家长给孩子贴上害羞的标签，就会很不自觉地强迫孩子与人交往。建议家长为孩子营造积极的情绪和良好的气氛去认识外在的人、事、物。切记不能将5号智慧型孩子与那些开朗的孩子做对比，他们只是不愿意敞开自己的心扉，并不代表他们不开朗。简单的比较会打击孩子的勇气，到处和别人说自己的孩子害羞，会让孩子更自暴自弃，因此希望5号智慧型孩子的家长不要过于急躁，慢慢来孩子总会变得勇敢、自信的。

如何打开5号智慧型孩子的心扉

○孩子沉默并不代表拒绝沟通。5号智慧型孩子是内敛、理性的，他们通常不会用多余的动作去表达自己的情绪，他们会将情绪放在心里。有的时候面对他人会表现出比较冷淡的态度，也会面无表情，这个时候家长不要以为孩子是拒绝沟通或者是对他人说的话不感兴趣，只是5号智慧型孩子习惯通过倾听和观察去接收信息，他们需要时间来消化信息而已。家长需要给孩子思考问题的时间，耐心等待孩子发表对事情的看法，这样才能够获得孩子真实的想法。如果家长过于急躁，或者是责备孩子，就会将孩子越推越远。

○与孩子一起营造一个舒缓压力的小天地。5号智慧型孩子喜欢躲在自己的小天地里默默做自己想做的事情，或者是什么都不做仅仅是思考问题。这个时候家长是很难与孩子进行沟通的，但是家长可以在家里开辟出一个亲子共同休憩的空间，可以是房间的一角，也可以是阳台。在这个空间里孩子可以拼积木，家长读书，与孩子共同享受一段静谧美好的时光，这样可以维持一个愉悦和谐的亲子氛围，拉近心与心的距离。在形成默契之后，孩子就会打开心扉，这个时候家长可以与孩子在这个空间里共同完成一件事，这也是家长与5号智慧型孩子进行心灵沟通的好办法。

○耐心陪孩子探究他们想知道的每个答案。5号智慧型孩子对知识的渴求是近乎执着的，如果家长能够和孩子一起探究问题的答案，在探究的过程中就会拉近彼此的距离。由家长保护孩子去探索，孩子会很有安全感，也会逐渐信任父母。因此，对待5号智慧型孩子的每个问题，家长都要有耐心。如果条件允许，家长还应尽量参与到孩子的实践与探究中去。

如何让5号智慧型孩子更有效地学习

○赞美孩子，给予孩子表扬，树立孩子的自信心。5号智慧型孩子从表面来看是因为对知识的渴求而不断获取新的知识，实际上他们是为了填补心中的缺失感和不自信。因此，在5号智慧型孩子成长的过程中，他们会投入过多的时间去学习与钻研，还会用大量的精力去验证自己的答案。他们在学习和写作业的时候，会很在乎问题的准确性，他们会不断搜集资料证明自己的答案是正确的，这就会使他们浪费过多的时间，导致效率不高。

为了给予孩子信心，让孩子对自己的答案有自信，家长在陪伴5号智慧型孩子学习的过程中，需要注意发现孩子做得正确的地方，及时赞美孩子、表扬孩子，树立孩子的信心，这样孩子就会逐渐自信起来，不会因为反复确认答案而浪费时间，也不会因为不自信而迟迟不肯下笔。

○帮助孩子制订学习计划，提高效率。由于5号智慧型孩子对于自己的学习是很没有自信的，因此他们的学习效率不高。他们会把自己的学习分为很多个部分，只有确定某个部分没有错误，才会将注意力转移到下一个部分。这样其实是很没有效率的。因此，家长需要帮助5号智慧型孩子制订出合理可行的学习计划，帮助孩子高效率地完成自己的作业。

家长可以在每天孩子放学回来后询问孩子作业量的多少，然后与孩子商量完成每门功课的时间，告诉孩子只有把所有的作业都写完才能检查。征得孩子的同意之后，可以在孩子的书桌上放一个钟表，让孩子自己计算时间。

5号智慧型孩子很自律，他们会遵守时间规则，不自觉地提高自己的学习效率，这样就不需要家长每天为孩子写不完作业而担心了。

○告诉孩子理论与实践同样重要。5号智慧型孩子喜欢不断通过阅读扩充自己的知识储备，他们会搜集很多的理论知识，但是相对的，他们很不喜欢以实际行动去检验获取的知识的正确性。这样对孩子的学习是很没有帮助的，因此家长在孩子的日常学习与生活中，要引导孩子不断实践，可以从简单的小实验入手，引发孩子验证知识的兴趣。让孩子能够灵活运用自己的理论知识，将理论变成实践，这样才能够给孩子留下深刻的印象，才会使孩子的学习更有效。

如何塑造与5号智慧型孩子完美的亲子关系

○赞美孩子的创造性。5号智慧型孩子通常都拥有一定的创造才能。这种创造才能也会表现在日常生活中。他们很喜欢做一些细致的、需要自己动手的游戏。他们会很喜欢拼拼图，拼积木玩具，做一些纸偶和小模型。他们很享受那个过程，他们还会根据自己的想法自由发挥，创造出一些不一样的东西。因此，当家长发现5号智慧型孩子的这一特性之后，要在日常生活中留心观察孩子的表现，当孩子表现出自己的创造力时，对孩子给予适当的表扬、赞美，这样就会使孩子明白父母是支持、理解他们的，就会拉近亲子之间的距离。

○要经常表现出你是爱他们的。5号智慧型孩子对爱有很强烈的渴望，他们所做的一切，包括获得骄人的成绩，都是为了获得爱。原本就不善于表达的他们，在其他人的眼里是有一点儿骄傲甚至是冷漠的。作为孩子的家长，需要明确的是，孩子只是羞于表达自己的爱，但是这并不代表孩子在心里不想和父母亲近，只是他们的性格让他们有这种表现。当5号智慧型孩子取得一定的成绩之后，如果家长能够及时让孩子明白父母对他们的爱，他们就会逐渐打开心扉，向父母表达他们的爱。

○化解与孩子的疏离感。5号智慧型孩子充满着保证自己的私人空间不被侵入的警惕性，就算是对待自己的父母也是如此。他们心中所向往的亲子关系是一种彼此自由、相互支持且互不干涉的关心。他们希望父母不要对他们有过多的要求，因为他们自己也不会对父母产生什么样的要求。与其他性格类型的孩子相比，5号智慧型孩子很少向父母索要什么，大部分情况下他们都是自己默默地做自己的事情。

有些家长会为孩子感到担忧，他们担心孩子没有朋友，不善于交流。但是如果仔细观察，悉心引导，5号智慧型孩子也会表现出自己的热情。并且他们在自己的世界里是很快乐的，无论是读书，还是拼图，或者是探索未知，他们都充满积极的态度。

其实5号智慧型孩子的家长需要做的很简单，家长只要在背后默默支持孩子，让孩子感受到父母帮助他们营造的私人空间以及安全的环境，孩子就会逐渐信任父母，并且和父母变得亲密起来。家长如果能够在5号智慧型孩子感受到迷茫、怀疑的情况下，给予温和的帮助和支持，孩子就会渐渐接受家长，会认为家长并不是他们私人空间的入侵者，这也会让他们变得开朗起来，与父母形成默契、自然、和谐的亲子关系。

5号智慧型孩子最想听的一句话

"只要你愿意，我会永远做你的后盾。"

第七章

6号忠诚型：给予爱和信任，养出小小"乐天派"

6号忠诚型孩子待人真诚，做事谨慎，为人忠诚可靠。但是他们缺少信心，容易焦虑。因此，6号忠诚型孩子的家长不要批判他们不安的情绪，要和他们一起去解决问题。

6号忠诚型孩子性格全解读

6号忠诚型孩子，也是诚实型孩子。他们在面对问题的时候通常会往最坏的方面去想，让自己担忧不已。他们渴望得到父母的喜爱和信任，如果父母指责他们，他们就会感到害怕，所以做事情常常会犹豫不决。但是他们对于信任的人和事是非常忠诚并且认真负责的。他们的性格特质中还有很多我们不知道的小秘密，就让我们一起来了解6号忠诚型孩子性格的全面特征吧。

6号忠诚型：可爱和善，容易紧张，遇到事情易犹豫不决

○核心价值观：为人忠心耿耿，做事谨慎有责任心，重视在团队中发挥自己的价值。

○外在特征：拥有警觉性高的神态，注意观察周围环境的变化，常常喜欢质疑，情绪上多焦虑和不安。

○行为习惯：安于现状，不喜欢改变，不喜欢转换新环境，小心谨慎，总是认真分析各种问题。

○性格优势：诚实善良，为人忠诚，有责任心，做事勤奋认真。时常保持着高度的警觉性，喜欢防患于未然。

○性格劣势：害怕自己被他人欺骗，把外在世界看成是一种潜在的威胁。他们希望可以处在一种稳定的环境中，比较循规蹈矩。

○性格陷阱：多疑焦虑，害怕出错，不轻易相信他人。思虑过度和怀疑他人的心智会造成他们对事情的拖延以及对他人的猜忌。

○人际关系：人际关系良好，不喜欢冒险，为人忠诚可靠，很受他人喜欢。同时他们本身也喜欢身处团队之中，享受与队友的亲密感和被接纳、信任、保护的感觉。

○内心活动："如果我想要变得更强大，就一定需要别人的支持"。

○心灵误区："这个世界是充满危险的，我必须要小心谨慎"。

○常用词汇："但是""我觉得……""让我想一想""等一下""我考虑考虑""不知道"。

○兴趣培养：音乐、旅行、跆拳道、冥想练习。

6号忠诚型孩子的主要性格及行为特征

○他们责任感强，忠诚于家人、团体，很讨厌不负责任的人，也很讨厌影响集体荣誉、破坏集体秩序的人。

○他们疾恶如仇，对于自己不认同的人和事，是很难接受的。

○他们诚实善良、尽忠职守，并以此来调节自己的原则和规则，他们会不容易信任性格反复无常的人。

○他们遵守规则，对自己和对他人都很严格，对于不遵守规则的人往往会很厌恶和嫌弃。

○他们多疑，并且总是把事情往不好的方向想。

○他们不苟言笑，但是内心是很柔软的。

○他们崇拜权威，甚至达到了坚信的地步，可是当他们觉得对方不值得自己的信任，就会激烈反对，让人无法理解。

○他们缺乏安全感，常常产生恐惧感，害怕犯错误，一旦犯了错误，他们就会文过饰非。

○他们的生活很有规律，时间安排得很紧凑。

○他们很在意别人的评价，常常刻意努力，以获得他人的肯定。

○他们很爱面子，不喜欢承认自己做错了，即使知道自己做错了，也很后悔，但是他们通常很难自然地说出"对不起"或者是道歉的话。

○他们常常因为思考太多而无法做出决定。他们在做每一件事情的时候都是充满困惑的，一定要经过深思熟虑，并且仔细分析事情的得失利弊之后，才能够做决定。

○他们喜欢在做决定之前参考他人的意见，尤其是喜欢询问他们认为是权威者的意见。

○他们的性格极其矛盾，有的时候很难捉摸。他们有时欣赏自己、充满自信，但是有的时候又优柔寡断、依赖他人。他们有的时候听话顺从，有的时候又有些叛逆。

○他们讨厌被利用、被轻视。

○他们常常无法确定自己真正的感受，需要通过别人对自己的评价来了解自己。

○他们喜欢在做决定的时候听取别人的意见，但是一旦出现差错，他们也会立即责怪他人，而不是反思自己。

○他们经常反问自己是不是做错了事情，常常觉得别人的批评对自己来说是一种攻击。

○他们做事容易走极端，不是一拖再拖就是横冲直撞，有的时候甚至会不顾后果，导致发生危险。

○他们的疑心很重。有的时候看到班级里的小伙伴围在一起说笑，尽管他们知道小伙伴说的话也许和自己无关，但还是避免不了怀疑人家在偷偷议论他们的是非，或者是嘲笑他们，然后他们就开始了莫名的思虑和焦躁。

关注孩子，有效地赞美孩子

有一位孩子的妈妈向儿童心理学专家咨询，说她越来越不能理解自己的孩子。儿童心理专家在进行了解的过程中，与孩子的妈妈进行了如下的对话。

问：你对自己孩子的哪些行为表现存在困惑呢？

答：我的孩子今年五岁了，但是他无论做什么事情，无论我是表扬他还是批评他，他都表现出一副很不开心的样子，我也不知道因为什么，总是和他难以沟通。

问：你的孩子是不是做事情比较认真？

答：是的，他无论做什么事情都很认真，一丝不苟。可是当他做得不好的时候，却不让人说他。所以当他做得好的时候，我都会表扬他。

问：那你是怎样表扬他的呢？

答：我会对孩子说"你真棒""棒极了""很好"之类的话。

问：你平时是不是很忙，很少有时间照顾、陪伴和观察孩子的行为呢？

答：是的。我的工作很忙，有的时候很难顾及孩子的感受。

最后儿童心理学专家给出的建议是，与其夸奖孩子"你真乖""你真棒"，不如换成"你能自己把衣服穿得很整齐，还能自己整理书桌，真不错"或者是"你能每天叫一遍就起床，还把被子叠得那么好，真能干"。

很多家长都以工作忙为借口，忽略了对孩子内心感受的关注，甚至有的时候孩子为了获得家长的认可和夸奖付出了努力，但是家长却没有注意到。因此，家长常常在无意中伤害了孩子的进取心。

6号忠诚型孩子一般是比较多疑的，他们有的时候不相信别人对他们的赞美与肯定。他们会怀疑自己的父母根本不想要表扬他们，他们会为此感到不开心。因此，面对6号忠诚型的孩子，家长不能很随意地夸奖和表扬，而应该认真观察孩子的言行，不断倾听孩子的心声，并且表现出支持孩子的意愿。具体地表扬他们的行为和表现，给予孩子由衷的赞美，这样孩子才能够发自内心地感激和信任家长，从中获得巨大的动力。

6号忠诚型孩子不喜欢别人浮夸的奉承，喜欢的是由衷的、具体的赞美，他们善于识别他人的夸奖是不是真诚的。因此，如果家长总是随意地、漫不经心地赞美孩子，而不是对他们进行具体的赞美，孩子就会感受到家长没有真正关心他们，因而会对赞美产生反感。所以家长在赞美6号忠诚型孩子的时候，要具体细致、实事求是，不能言过其实。

帮助孩子认识到自己的错误，不当面批评

6号忠诚型孩子害怕犯错误，十分小心谨慎，因而一旦犯了错误，他们就会拼命掩饰，即使知道自己做错了，也不会主动承认错误。这个时候假如家长当面批评孩子，会有效果吗？

西西是一个十分内向乖巧的孩子。这一天，妈妈和爸爸带西西去朋友家做客，朋友家有两个小孩子。吃过午饭后，大人们都在屋子里聊天，孩子们在外面的院子里踢皮球玩。孩子们玩得很开心，可是玩着玩着，西西却不小心用力过大，把皮球踢到了放花盆的架子上，架子上最外面的花盆"啪"的一声掉在地上摔碎了。

大人们听见声音跑了出来，西西的妈妈看到西西红着脸站在一旁，知道肯定是西西踢碎的，就问："是不是你把花盆踢碎的？"西西低着头不说话。

妈妈的朋友看到西西的妈妈有一点儿生气，连忙说："没关系，没关系，小孩子玩，弄碎花盆很正常，我把花栽到别的盆里就行了。"可是西西的妈妈一定要西西承认错误："一定是你踢碎的，你每次犯错误都不承认，快和阿姨道歉。"西西听了妈妈的话，伤心地哭着跑出了院子。

从那以后，不管妈妈怎么说，西西都不肯再去妈妈的朋友家玩了。他也变得更内向、谨慎了。

其实6号忠诚型孩子不是意识不到自己的错误，他们内心经常会为自己犯的错误而后悔，但是要让他们说出"对不起"是很难的。

面对6号忠诚型孩子敏感的内心，家长应该多引导、少批评，尤其不应该当着其他人的面斥责孩子。过多的批评不仅会打击孩子的自信心与自尊心，还会使孩子更加封闭自己。

对于6号忠诚型孩子，家长需要明确的是，孩子本身是很害怕做错事情的，他们平时也是很小心谨慎的，因此如果他们犯了错误，那也一定不是故意的。因此，家长可以采用暗示的方式，比如和孩子说"没关系，我相信你下次会更注意，不会再犯同样的错误了"，孩子就会比较容易接受，也愿意欣然道歉。这种鼓励的话，远比批评和指责有效得多。

虽然他们总是不愿意当面承认，但是他们在心里会暗暗地对自己说下次要改正，对于给其他人造成的麻烦，他们心里也会感觉愧疚。他们非常在意他人对自己的评价，他们渴望得到他人真心的喜爱和赞美，渴望得到他们在乎的人的认同，因此他们会非常努力去获得肯定。

对于6号忠诚型孩子，家长必须给予足够的关注，及时体察到孩子的心理变化，不要直接责备孩子，而是要站在孩子的角度考虑问题，积极引导孩子改正错误。

教会孩子应对焦虑，陪伴孩子克服恐惧

6号忠诚型孩子由于做事之前总会考虑很多问题，因此他们很容易出现焦虑的情绪。

跃跃今年上小学三年级，他从小唱歌就特别好听，老师推荐他参加儿童歌唱比赛，跃跃准备了自己最拿手的歌曲。

可是在还有一个星期就要比赛的时候，跃跃却出现了食欲不振、精神不佳的状况，就连练习唱歌的时候也心不在焉。妈妈询问跃跃原因，跃跃说："万一我得不了奖怎么办？我怕我不能为班级争得荣誉，爸爸妈妈、老师和同学就会不喜欢我了。"

跃跃在平时考试中也会出现这样的情况，他总是害怕自己答不对题目，因此会变得很紧张，反而影响实力的发挥。妈妈安慰跃跃："没关系的，就算你不能得奖，也是爸爸妈妈和班级的骄傲，而且你比赛的时候，妈妈一直都在台下陪着你，好不好？"跃跃听了妈妈的话点了点头。

6号忠诚型孩子内心的矛盾多，顾虑也多，尤其容易出现考试、比赛焦虑。他们担心让父母失望，因此在考试和比赛之前会想很多可能出现的突发情况，这些假设会影响孩子真正实力的发挥。作为家长，应该告诉孩子要大胆地去应对考试和比赛，不要设想太多不好的结果。当孩子怀疑自己的能力时，要及时鼓励孩子，让他们知道一个人没有足够的信心、胆量和决策的自主性，是很难成就大事的。告诉孩子，无论是成功还是失败，都应该勇敢一点，让他们相信每一次的锻炼都会让自己获得一分的勇气。

家长在日常生活中还要建立对孩子的信任。不要嘴上和孩子说"考不好没关系""不能得奖没关系"，却在孩子失败之后责备孩子或者显出不高兴的神情，这样更会加重孩子的负担和焦虑。长此以往，孩子将大量的精力耗费在焦虑上，是不能够发挥他本身的实力的。

翔翔的妈妈要带翔翔去外地的姨妈家做客。这是翔翔第一次去姨妈家，也是翔翔第一次坐火车。翔翔既期待又担心，他担心明天出发晚了会赶不上火车，还担心火车在半路上坏掉不能走了。妈妈好不容易哄翔翔睡下，但是在上了火车以后，翔翔又开始害怕。火车是在夜里行驶的，翔翔看着车窗外黑漆漆的一片更觉得恐惧，竟然哭了起来，不管身边的人怎样劝说都没有用。等到了姨妈家，翔翔又对陌生的环境产生了恐惧感，他害怕和不认识的小朋友一起玩，一直躲在妈妈身后，妈妈怎么安慰他都没有用。

6号忠诚型孩子只要面对陌生的环境，就会感到紧张，没有安全感。他们从小就很胆怯，不喜欢到陌生的环境中去，他们依赖自己熟悉的人，更愿意待在自己熟悉的环境里。

那么，作为6号忠诚型孩子的家长，当孩子出现焦虑、担心、恐惧、紧张、激动的情绪时，可以教孩子通过深呼吸来集中注意力，将自己的注意力集中在正在发生的事情上，以此来帮助孩子消除恐惧。家长平时还要多鼓励孩子尝试新事物，陪伴孩子克服恐惧心理，引导孩子走出第一步。

告诉孩子不轻信权威，培养孩子决策力

6号忠诚型孩子谨慎多疑，因此喜欢崇拜权威，他们通常做什么事情都喜欢询问家长和老师的意见，没有自己的主见，他们总是希望父母和老师能够告诉他们什么事情该做，什么事情不该做，他们很少会为自己的事情做主。

其实虽然老师、家长或者是大一点儿的孩子相对而言可能更具有丰富的经验和知识，但是他们的意见也只具有参考价值，并不能代替孩子做决断。而且就算是权威人士的话，有的时候也并不全都是对的。

蓝蓝从懂事开始就衣来伸手，饭来张口，妈妈从来不让他自己穿衣服、吃饭。妈妈认为蓝蓝还不能够独立将这些事情做好，如果把衣服弄得乱七八糟，或者把饭粒掉得满地都是，会更麻烦。

到了孩子大一些该上小学的时候，妈妈发现孩子很没有主见，无论做什么事情，他自己都没办法做主，就连买玩具，他都不知道挑哪一个才好。

每天早上去学校，无论是穿的衣服、鞋子，还是带果汁或者是牛奶，蓝蓝都让妈妈来帮他决定，没有自己的主张；学校开展一些活动，蓝蓝也会让妈妈帮他选择参加哪个；就连买书包、本子和文具，他都让妈妈一手包办。妈妈很担心这样下去，孩子离开自己之后什么都做不了。

蓝蓝还认为父母和老师说的话是对的，并且按照他们说的做就不会出错，大人永远比孩子知道的事情多。这样的蓝蓝一离开大人，在没有人帮他做决定的时候，他就会迷茫、失措、无助。

大部分6号忠诚型孩子不会主动进行决策，其实不是孩子没有决策的能力。在孩子成长的过程中，有许多事情是需要他们自己做决定的。有的时候看似很小的一个决定，都可能会影响孩子的一生。如果家长不敢放手，什么事情都替孩子包办，那么最后孩子就会像案例中的蓝蓝一样，失去决策力，成为胆小、懦弱、没有主见的孩子。

孩子在逐渐长大的过程中，会慢慢萌生独立自主的意识，他们会什么都想尝试一下，比如吃饭、穿衣、洗脸这些日常的事情，以前总是家长帮他们完成，有了独立意识之后他们就会想要自己独立完成。当孩子有了这样的意愿之后，家长应该多引导、鼓励，不能因为怕孩子小做不好而禁止孩子尝试。家长必须解放孩子的手脚，让他们去做他们应该做和想做的事情，切不可指手画脚，或者是表现出担忧的神情，那样无形之中会伤害孩子，使孩子更加不敢行动。

尤其对于6号忠诚型孩子来说，从小培养他们的独立决策能力是非常重要的，从询问孩子想穿什么颜色的衣服开始，到让孩子自己穿衣、吃饭；从培养孩子的独立性，到培养孩子的胆识，再到积极鼓励孩子表达自己的意愿。家长可以发现，教育孩子不是简简单单地帮助他做决定，而是基于孩子的想法引导孩子做出正确的选择。

那么，如果孩子已经变得没有主见，是不是就没有补救的办法了呢？其实，如果家长及时意识到自己的教育误区，想要改变教育方式，那么肯定可以逐渐培养出孩子的决策能力。我们来看看蓝蓝的爸爸是怎样培养孩子的决策能力的吧。

蓝蓝的爸爸也发现了蓝蓝的问题，他知道在蓝蓝心里，父母说的话永远是对的，这也是蓝蓝不愿意自己做决定的原因。

有一天，爸爸问蓝蓝："蓝蓝，你是不是觉得爸爸知道的事情总是比你多，做事情也比你厉害呢？"蓝蓝回答："那当然！""那你记得是谁发明的电灯吗？""是爱迪生啊。""那么，为什么爱迪生的爸爸没有发明电灯呢？"蓝蓝不知如何回答。爸爸接着说："其实爸爸也并不是知道所有的事情，就像你看过《洋葱头历险记》，知道故事里面的小洋葱多么勇敢，知道他们是怎样打败柠檬王的，可是爸爸没有看过，爸爸并不知道柠檬王是什么东西。所以有些事情你比爸爸知道得多，你也可以为自己的事情做决定。"

告诉孩子不要轻信权威，是培养孩子独立意识与决策能力的第一步。就像蓝蓝的爸爸一样，他通过一些小案例让蓝蓝明白，权威的意见可以参考，但是并不能全部相信，因为有的时候父母也不一定知道所有的事情。总之，要让孩子勇于说出相反的观点，自己为自己的事情做决定。

家长还可以在潜移默化中有意识地让孩子自己做决策。比如让孩子安排自己房间里的摆设；买玩具的时候，让孩子选择自己喜欢的；出去玩的时候，让孩子决定是去爬山还是去逛公园。还可以让孩子参与到一些游戏中去，比如棋牌类游戏，或者是一些团体协作的游戏，让孩子在游戏中变得头脑灵活，善于谋算和决策。同时，让孩子参加一些集体的体育运动也是很好的选择，一方面可以开阔孩子的心胸，帮助孩子强健体魄，积聚旺盛的精力，另一方面还会使孩子的头脑清醒，培养孩子意志坚强、敢于自己做决断的能力。

由于6号忠诚型孩子容易考虑很多事情，还会把问题朝不好的方向考虑，因此家长需要让孩子学会分析问题，学会预判后果，并学会分析每种可行性方案的利弊，选择最佳方案，做出决策。训练孩子果敢的性格，要当断则断，不要受外界的干扰和影响。

还有一点也非常重要，那就是鼓励孩子。当孩子决策失败时，家长应该在必要的时候给予孩子鼓励，而不是责备孩子的失败，让孩子学会在失败中总结经验教训，这样孩子才会有勇气和热情面对下一次决策。

教导孩子学会相信别人，肯定别人的优点

　　由于6号忠诚型孩子容易焦虑、多疑，因此他们除了相信权威者，往往很难信任他人，也很难和周围的小伙伴形成亲密的关系，这样会使孩子习惯性地对他人产生怀疑，不相信他人，并且看不到周围人的优点，这样对孩子的成长是很不利的。

　　雯雯在幼儿园里几乎没有什么朋友，每当下课，她都一个人在角落里看着其他小朋友玩耍，有的时候还会流露出焦虑、不安的神情。老师发现后找雯雯谈话了解情况，可是雯雯什么都不说，老师只好将情况告诉了雯雯的妈妈，让妈妈回到家里询问孩子的心理状况。

　　回到家以后，妈妈到雯雯的房间和她谈心，妈妈问："雯雯，你在幼儿园有没有好朋友啊？"雯雯想了想，摇了摇头。妈妈接着问："那你为什么不愿意和其他小伙伴做朋友一起玩呢？""因为我觉得他们不值得信任，他们总是围在一起，我感觉他们好像是在议论我。我还害怕他们欺负我，或者是我和他们做了朋友以后，害怕他们背叛我。"

　　妈妈知道雯雯平时是很多疑的，不轻易相信其他人，但是妈妈更为雯雯看不到其他孩子身上的优点而感到担忧。于是妈妈劝说雯雯："雯雯，你要知道，小孩子的世界是十分单纯的，小伙伴们不可能在背后偷偷议论你。而且

你这么优秀，也不会有人议论和嘲笑你啊。你要学会看到小朋友们做得好的地方，并向他们学习，努力与其他小伙伴建立友谊，这样你才能更快乐。妈妈明天做一些小饼干给你带到幼儿园去，你和小朋友们分着吃，尝试着和他们一起玩儿，好不好？"雯雯听了妈妈的话，点了点头。

就像雯雯一样，6号忠诚型孩子容易习惯性地在心中设想出自己被背叛或者是被欺骗的情景，他们其实知道同学们聚在一起并不是在议论他们，但还是会不自觉地觉得自己遭到了大家的嘲笑。这就使得这一类型的孩子很难和他人亲近，自己更难主动去结交朋友。

其实这也是孩子不自信的心理造成的，他们觉得自己并没有足够的魅力去获得其他小伙伴的支持，他们想融入集体获得保护，但是又担心自己被集体抛弃。他们常常忽略别人的优点，难以设想朋友对他们的照顾和帮助，更不要说打开自己的心扉去主动结交朋友了。

对于这一类型的孩子，家长可以向雯雯的妈妈学习，劝说孩子打开心扉，从愿意走进小伙伴开始，逐渐认识到小伙伴对自己是充满关心和善意的，这样就会使孩子明白自己的焦虑和怀疑是没有必要的。

家长要引导6号忠诚型孩子懂得，虽然对他人不能全然信任，但是也要尽力找出别人的优点。当孩子对他人产生怀疑的时候，要鼓励孩子去核实是否真的如同自己所想的那样，从而帮助孩子建立对他人的信任。要让孩子了解到，生命是充满幸福和喜悦的，应该放下自己的忧虑和担心，潇洒地去看待这个世界，活得洒脱一些，享受每一份惊喜和温暖。

与6号忠诚型孩子相处小秘诀

与6号忠诚型孩子的相处禁忌及调整方式

○不要对孩子要求太高。6号忠诚型孩子是很在意别人对自己的评价的，他们会很努力地学习，以获得老师和家长的夸奖、同伴的认同。有的时候他们会过于谨慎，仅仅是为了达到目标而去努力，以至于束缚了自己，不能灵活应对各种各样的变化。这个时候家长不能够对孩子要求过高，也不要对孩子过于严厉，那样会给孩子造成过重的心理负担。家长要想帮助孩子放松，首先自己要懂得放松，可以和孩子一起分享快乐的时光，一起游戏、聊天，而不是看管孩子学习，每天盯着孩子的成绩。只有给孩子一个宽松、开放的环境，孩子才能够茁壮成长。

○不要轻易批评孩子的不安情绪，和他们一起解决问题。6号忠诚型孩子是很依赖父母的，他们尤其希望自己能够得到家人的信任和爱护。但是如果作为6号忠诚型孩子的父母，不能理解孩子性格中的忧虑，只会斥责孩子的不安，批评孩子想得过多，这样不仅不能使孩子的情绪平静，还会给孩子造成更大的心理负担。建议家长询问孩子不安、焦虑的原因，与孩子一起分析事情的利弊，陪伴孩子解决问题。

○当孩子依赖你时，不要推开孩子，但也不要放任孩子过于依赖父母。6号忠诚型孩子是很依赖父母的，尤其是当家长带孩子去一个相对陌生的环境，他们由于不安会更想待在父母身边。这个时候家长不要以为孩子是过于依赖父母而推开孩子，逼孩子融入陌生的环境，而是应该带着孩子熟悉陌生的环境，消除孩子的恐惧感，帮助孩子慢慢适应新的环境。不推开孩子并不代表放任孩子待在父母身边，这样对于培养孩子独立自主的能力是很没有帮助的。家长需要做的是关心孩子真正的心理诉求，引导孩子成为独立自主的人。

○不要过于情绪化，不在孩子面前感情用事。6号忠诚型孩子天生就被一种焦虑和不安全感所笼罩。他们最重视的是自己是否得到了父母的爱，很担心自己受到父母的冷落和忽视，得不到父母的支持。原本6号忠诚型孩子的洞察力就比较强，他们会预测父母的态度，并且在察言观色中学会犹豫不决。如果父母比较情绪化或者是脾气暴躁，比如心情不好的时候总是斥责孩子，心情好了以后又对孩子好，那么在这样反复无常的家庭氛围中，孩子会更加敏感多疑，时刻都要生活在对父母的情绪观察中。这样会使他们感到很无助，最后变成一个不敢面对他人和权威的孩子。

建议家长给孩子营造一个快乐和谐的家庭环境，尽量不要在孩子面前发生矛盾或者是吵架，更不能大声训斥孩子。就算孩子做得不好，在教育孩子方面也要采用一定的策略，给予孩子足够的尊重，不可以采取粗暴武断的方法。

家长还需要注意的一点就是，要有意识地为孩子做出好的榜样。家长如果平时总是很悲观，看待问题很消极，或者总是心情不好，悲伤抑郁，孩子也会受到很大的影响。因此，首先需要家长多以积极乐观的心态面对生活，用自己的快乐、开朗感染孩子。

如何打开6号忠诚型孩子的心扉

○询问孩子想要完成的目标。6号忠诚型孩子其实内心也会有想要完成的事情，他们也会有实现自己目标的渴望，但是他们常常会因为心里不自觉的担忧而使自己不敢迈出尝试的第一步。这个时候，作为家长需要将孩子的注意力从"盲目担心"转移到"大胆实践"上去，学会定期询问孩子的目标，并和孩子一起制订短期的目标，协助孩子完成，这样就可以打开孩子的心扉，让孩子愿意告诉你他们想要的是什么。这样还能够增加孩子的自信心，让孩子体会到实现目标的喜悦。

○读懂孩子的焦虑心理。6号忠诚型孩子的习惯性反映就是担忧，如果他们发现自己的担忧没有受到重视甚至是遭到否定，就会自动封闭自己，以此来捍卫自己的内心世界。家长就需要以同理心去看待孩子的担忧，千万不要在孩子面前表现出否定，要以孩子的角度去看待事情，明白孩子担忧的点在哪里，帮助孩子舒缓这种情绪。让孩子能够说出自己真正担心的事情，并有针对性地去解决，就算不能马上解决问题，也要创造一个轻松的氛围缓解孩子的情绪，这样孩子就会打开心扉，愿意主动和父母说出自己的担忧和焦虑。这样比孩子一个人一直沉浸在恐惧中要好很多。

○用乐观的精神感染孩子。6号忠诚型孩子是很沉默的，他们大多数比较悲观。他们也没有自信，缺乏竞争意识。作为这样的孩子的家长，培养他们自信乐观以及拼搏的精神是十分重要的。家长要在日常生活中有意识地用自己的乐观与自信去感染孩子，让孩子感受到家长身上所具有的正能量，这样才能引导孩子说出内心的烦恼，并寻求家长的帮助。要让孩子明白，他们需要增强的是自我意识，不要过于看重别人的想法，应该明确自己内心的需求，懂得追求自己想要的，没有必要顾虑太多，否则就会迷失自己。

如何让6号忠诚型孩子更有效地学习

○帮助孩子克服考试焦虑症。6号忠诚型孩子在考试之前会产生比较明显的考前焦虑，而且越是重要的考试，他们焦虑的程度就越深。这样不仅会影响孩子实力的发挥，还会使孩子失去学习的信心。家长必须帮助孩子克服考前焦虑，可以采用系统脱敏法，即让孩子在睡觉前放松自己，在头脑中考虑自己考试的全过程，以及在考场上可能会发生的各种状况。比如，进场的时候十分紧张、遇到了自己不会做的题目、突然想上厕所、考试时间不够用、铅笔断了、忘带橡皮等，引导孩子将考场上可能引起焦虑的状况列得越详细越好，并按照严重程度将这些状况写在纸上。每天想象最低程度的焦虑事件，直到不再为此焦虑，就把这件事情从纸上划掉，接下来想象下一个焦虑事件，从而逐渐提高孩子的应变能力。

○帮助孩子提高学习效率，增强自信心。6号忠诚型孩子对人和事的不确定感特别高，最常见的情况是，他们总是没有一个可以遵循的行事标准。因此他们对于自己的能力也是不确定的，他们会对自己没有信心。在学习的过程中也是一样，他们会质疑自己的答案，并且容易紧张，害怕自己做错。即使他们把老师布置的作业记在本子上，在做作业的时候还是会质疑自己是不是记错了。这样既会影响孩子的学习效率，也不利于孩子自信心的培养。家长在日常生活中，需要帮助孩子缓解紧张、多虑的心态，告诉孩子按照他们自己所记录的去做一定不会出现错误。不要质疑自己的答案，不要犹豫不决，做错了改正就可以，不要把时间浪费在过多的思虑上。

○帮助孩子开阔视野。6号忠诚型孩子在冷静的情绪下，分析能力是很强的。但是他们很容易进入把事情往最坏的情况去想的性格陷阱，从而钻牛角尖。在学习中也是一样，他们很担心会不会有其他的答案比自己的答案更好，从而浪费过多的时间去验证自己的答案是否最佳。这个时候就需要父母尝试引导孩子开阔视野，不要把自己的想法局限起来，不在同一道题目上浪费过多时间。

如何塑造与6号忠诚型孩子完美的亲子关系

○欣赏孩子的智慧和忠诚。6号忠诚型孩子需要被指导，尤其是父母、老师的指导，否则他们很容易迷失方向。一旦有权威人士指导他们人生的方向，他们就会忠诚实践，全力以赴，从而达到标准。在这种情况下，6号忠诚型孩子是很冷静清楚的，他们分析能力会因此显露，证实他们具有他人没有的分析问题的智慧。这个时候家长可以适当地对孩子的智慧和忠诚表示欣赏，孩子就会充满信心和动力，不会被焦虑、困扰阻碍前进的方向。他们做事尽善尽美，如果父母可以把事情委托给他们并表示出信任，相信他们也会更加信任父母，从而营造出和谐的亲子关系。

○尊重6号忠诚型孩子的秘密领地。6号忠诚型孩子对潜在的危险和问题的想象力非常丰富，他们觉得世界上有很多坏人和不可预测的事情，所以他们对每个人、每件事都非常小心，极力顺从别人，避免受到伤害的可能。因此孩子心里会常常充满了恐惧和疑惑，他们会把这些放在自己心灵的秘密地带。因此，父母要懂得尊重孩子的秘密，如果孩子没有主动打开心扉，就不要去触碰孩子的心灵秘密角落，更不能用自己权威的身份去干涉孩子，以免破坏孩子心中的安全感。尊重孩子的隐私，并不代表放弃教育孩子的责任。孩子虽然是独立的，但是他们的世界观还没有完全形成，再加上心中充满矛盾与疑惑不利于自身的成长，所以家长在保护孩子隐私的同时，还要引导孩子说出疑惑，并给予孩子好的建议，这样孩子才会更加信任父母。

○正确对待孩子的反抗情绪。6号忠诚型孩子从小就有意识地寻求家中权威者的认同或者保护，以此来获得安全感。这个保护者通常是父母，或者是其他长辈，并且孩子会在整个成长的过程中维持和这个保护者的关系。如果这个保护者是慈爱的，6号忠诚型孩子就会很忠诚，继续寻求指导和支持，并且努力达到对方的期望；但是如果孩子觉得那个人是反复无常的，就会采取反抗的态度，不再信任对方。其实孩子产生反抗、抵触的情绪是很正常的，尤其对于6号忠诚型孩子来说，他们比较多疑敏感。父母需要注意的是，孩子出现反抗情绪时，父母不应该过度计较，甚至逼孩子顺从自己，应该关怀孩子的内心世界，努力与孩子维持和谐的关系，保持冷静，与孩子一起解决问题。

6号忠诚型孩子最想听的一句话

"如果发生问题，不要害怕，我会陪你一起解决。"

第八章

7号乐观型：零吼叫，教出"调皮大王"的专注力

7号乐观型孩子，乐观自信，但是缺乏耐力，调皮、马虎，既是家里的"开心果"，也是令人头疼的"调皮大王"，因此家长在教育时往往需要更多的耐心和技巧。

7号乐观型孩子性格全解读

7号乐观型孩子是天生的乐天派。他们活泼好动，很难适应规矩的校园生活。老师让他们安静地读书，他们偏偏和旁边的同学说话聊天。他们的思维也很活跃，常常能够想出一些别人想不到的点子。他们的性格特质中还有很多我们不知道的小秘密，就让我们一起来了解7号乐观型孩子性格的全面特征吧。

7号乐观型：爱玩，聪明机灵，想象力丰富，学习能力强

○核心价值观：认为人生的目标在于寻找快乐、享受快乐，什么事情都没有快乐重要。尽力避开一切痛苦，总是通过新鲜事物来自我娱乐。

○外在特征：精力充沛，有活力，神采飞扬，笑容亲切，很容易受到大家的喜爱。

○行为习惯：多才多艺，喜欢尝试新鲜事物，对感官的需求很强烈，可以不计后果地尝试一切。

○性格优势：活跃好动，好奇心强，有丰富的想象力；率性随意，自然不做作；懂得调节自己的情绪，享受当下，不会轻易被困难打倒；喜欢享受生活，不会怨天尤人。

○性格劣势：马马虎虎，做事没有耐心，常常以自我为中心，口是心非。

〇性格陷阱：不受拘束，缺乏内涵，沉溺享乐，性格急躁，很难用心聆听别人的内心感受。

〇人际关系：能够给身边的人带来快乐，大家都很喜欢他们乐观、开朗的性格，因此都愿意和他们结交朋友。可以吸引不同类型的人，并与之成为朋友。

〇内心活动："我不想错过一切快乐和美好的事物"。

〇心灵误区："无论做什么，只要自己快乐就好了"。

〇常用词汇："管他呢""不要管那么多""开心最重要"。

〇兴趣培养：拼图、组装模型、数学、户外运动。

7号乐观型孩子的主要性格及行为特征

〇他们个性开朗，总是高高兴兴的，每次都能逗笑身边的人。

〇他们对于吃穿很讲究，重视身体的触觉和感官上的刺激，喜欢具有戏剧性的、多变化的以及丰富多彩的生活方式。

〇他们乐观自信，相信未来是很美好的，他们永远不会将悲伤留到明天。

〇当他们的欲望不能够得到满足或者是别人限制了他们的自由时，他们会非常愤怒。

〇他们的欲求总是很多，但是却眼高手低，常常因为说大话给自己造成麻烦。

〇他们喜欢自由，并不会将压力当成一回事，他们会想办法给自己减压。

〇他们不会给自己任何限制，总是按照自己的心情做事，并且有的时候是不计后果的。

〇他们没有耐心，不喜欢等待，有需要的时候，就一定要立刻得到满足。

〇他们头脑灵活，敏感度比较高，学什么都比别人快，因此往往多才多艺。

○他们人际关系良好，口齿伶俐，招人喜欢，他们喜欢与那些可以给自己提供娱乐及情趣的人交朋友。

○他们做事很难从头到尾地完成，总是虎头蛇尾，大多数情况下只是停留在计划阶段。就算他们执行了计划，也很难进行到最后，常常需要他人来帮他们收拾残局。

○他们缺乏耐力，很难保持专注。因此他们会把精力放到自己喜欢的事情上去，否则他们就很难集中注意力。

○他们大大咧咧，无论是弄丢了玩具，还是橡皮，或者是钱，他们都不会十分在乎。

○他们就算是当众出丑或者挨批评，也不会将其放在心上。

○他们很好动，一刻都不肯安静，每天都很有活力。

○他们上课总是不能集中精神，一会写写小纸条，一会在本子上乱涂乱画。

○他们的记忆力很强，常常在考试之前临时抱佛脚，但是不善于深入地学习和探究，也不能认真学习某一门功课。

○他们喜欢向别人讲自己已有的经验，觉得自己可以独当一面。

○他们对未来充满期望，希望自己可以尽快长大。

○他们对自己的思考力和判断力很有信心。

○他们不能坚强地面对困难和挫折，经常以否定和自圆其说来逃避自己内心的慌张。

○他们常常以自我为中心，有时会为了贪图一时的享乐，忽略他人的感受。

○他们容易叛逆和反抗，痛恨自己被束缚或者被控制，对于别人强制他们完成的事情，他们会一拖再拖，容易感到沉闷而不想实施，从而更加无法专注注意力。

提高孩子注意力，克服马马虎虎坏习惯

波波聪明伶俐，领悟问题的能力和接收新知识的能力很强，因此他无论学习什么都非常快，父母认为他一定会是一个学习好的孩子，可是波波每次考试都很难得到很高的分数。

老师在波波的评价手册上写道："波波非常聪明，可是他也十分马虎。虽然学习努力，也很容易接收新的知识，但是学习成绩总是没办法提高。我发现波波在考试的时候马虎得不得了，难题他一般不会做错，但是简单的问题却常常答错。"

爸爸也发现了孩子的这个问题，他知道波波活泼开朗，天资聪颖，甚至还在数学竞赛上得过奖，但是一到考试就漏洞百出。在阅读题目的时候，他不是随意加字就是不小心漏字，所以没有办法理解题目的意思和真正的要求。有的时候，波波读题还会只读一半，出现很多次丢题、落题的情况。就算是考他最喜欢的数学，他也认真不起来，不是把加号看成减号，就是把减号看成加号，所以成绩总是让人不满意。

每次考试后拿到试卷时，爸爸都会问波波："你为什么又考了这么低的分数？是有什么不会的题目，还是老师讲的内容你听不懂？"波波也总是不以为然地回答："这些题我都会，就是不小心算错了。有的是看错题了。"但是到了下一次，他仍然会出现同样或者类似的错误。

很多7号乐观型孩子在学习方面都是很马虎的，家长们常常为此担忧，但是又束手无策。造成7号乐观型孩子马虎的原因有很多方面，大多数7号乐观型孩子都是急性子，他们在学习或者考试的时候很难坐得住板凳，而且他们会觉得凡事差不多就可以了。长此以往，他们不仅会不自觉地忽略很多问题，还无法长时间地专注于一件事情。

总结起来看，7号乐观型孩子出现马虎情况的原因，主要有三个方面。一是他们好胜心强，对自己很有信心，因而产生急于求胜的心理，总是把简单的问题复杂化，把复杂的问题简单化。就像他们读不全题目，是因为他们相信自己的判断，相信自己已经猜测出题目要考察的问题；二是他们学习总是很难进行深入的研究，对考试中出现的题目没有形成系统化的知识体系，平时把精力主要用在复杂的题目上，而轻视了简单的题目，导致基础不够扎实；三是7号乐观型孩子大多不拘小节，有的时候并不会注意到一些细节问题，比如写姓名、准考证号等。

针对孩子出现马虎的原因，家长可以采取适当的战略来帮助孩子克服。其中很重要的一点就是要帮助孩子静下心来，提高孩子的专注力，并锻炼孩子注意力的持久性。

乐观型孩子又称为活跃型孩子，他们喜欢参加多样性的活动，学习对于他们来说是枯燥的，因此他们在学习上缺乏耐性和持久性，无法将注意力专注在做作业和考试上。

注意力的培养是长期、复杂的过程，家长可以从几个方面来逐步培养7号乐观型孩子的注意力。

首先，培养孩子广泛和稳定的兴趣。人的各种注意力的发生和保持都需要以一定的兴趣为条件，因此培养广泛而稳定的兴趣是提高孩子注意力的一个重要条件。当孩子对某一门学科或者是活动产生兴趣之后，家长最好能够给予支持和帮助，并且有意识地引导孩子。

其次，鼓励孩子的每一次专注。当家长发现7号乐观型孩子集中注意力完成了某件事情之后，如果能够及时给予孩子鼓励和表扬，相信孩子之后还会在无意之中专注于某件事，因为在潜意识里他们知道这是一个能够获得表扬的行为。

最后，尽量循序渐进地要求孩子有始有终地完成每件事。7号乐观型孩子经常写着写着作业就翻开了漫画书，看着看着漫画又去玩玩具，这样学习是非常没有效率的，自然会出现马虎的状况。家长需要对孩子提出要求，比如孩子看完书，家长要求孩子把书整理好再去做其他事，没吃完饭就不能去看动画片等。

这样，久而久之，孩子注意力集中了，他们就能够认真静下心来对待每一件事情，自然也就不会出现马虎的状况了。

不打不骂，帮助孩子规范行为

淘淘是父母眼中的淘气包，他从出生开始就没有一天是安安静静的。

随着年龄渐渐长大，淘淘喜欢翻墙，总是在两米高的墙上走，他觉得那样刺激好玩，妈妈很担忧他会出现危险。

妈妈还发现淘淘虽然很聪明，但是心思从来没有用在学习上。如果是和其他小朋友一起惹祸，他总是找各种理由推脱责任。他的鬼点子特别多，很喜欢恶作剧。在幼儿园里，他会把小虫子放在同桌的文具盒里，还会怂恿小朋友陪他上树摘果子，真是让老师和父母头疼。

淘淘上小学后，老师经常会找淘淘的父母谈话，说淘淘上课不认真听讲，还经常搞小动作，打扰同学。老师还说每次批评完淘淘，他就只能安静两天。

爸爸为此没少打淘淘，可是淘淘就是屡教不改，甚至愈演愈烈。父母真的不知道怎样做才好。

7号乐观型孩子活泼好动，喜欢探索新的事物，爱自由，不喜欢受到别人的管教和束缚。他们不喜欢遵守规则，但是为人乐观，喜欢完全按照自己的心情做事，他们喜欢尝试一些新鲜、刺激的东西。一旦父母对他们采取了不正当或者是不合理的约束，就会适得其反。其实打骂是最不恰当的教养方式，只有帮助孩子规范行为，孩子才能真正地改变。

其实，对于7号乐观型孩子来说，只要在他们的脑海里构建起摆脱束缚后可能会出现的危险，让他们意识到这种危险，他们就会逐渐远离危险行为。就像淘淘，他喜欢在高墙上走，只要父母在谈话中不经意提起如果掉下去就会造成怎样的危害，淘淘就会意识到危险并逐渐远离这项活动。

7号乐观型孩子还特别有创意，他们自信乐观、聪明伶俐，这就使他们常常觉得自己比其他人聪明，其他人都不如自己，因此他们才会时常搞恶作剧来欺负别人。家长必须告诉孩子他们这样做是不对的，会给其他小朋友造成伤害。家长还可以让孩子设想如果自己受到了那样的对待会怎么样。此外，家长还要适当地给孩子立下规矩，告诉他们如果再这样欺负别人就要受到惩罚。这种惩罚不是打骂，而是比如不让他们看动画片或者是不给他们买新玩具，这样孩子就会逐渐规范自己的行为。

对于孩子上课捣乱，不注意听讲，则是由于孩子的注意力不集中，学习没有引发他们的兴趣，家长可以尝试着培养孩子的注意力。只要坚持这么做，相信孩子一定会越来越好。

鼓励孩子克服困难，遇到挫折一起解决

7号乐观型孩子天生喜欢让他们感到快乐的事物，他们内心总是在逃避挫折、困难，也选择性地逃避所有让他们感到痛苦的事物。他们习惯性地将眼光投向未来，憧憬未来的美好生活和快乐感受，因为这样可以帮助他们逃避当下的痛苦，去寻求刺激、新奇的事物。实际上，这样的心理很难使7号乐观型孩子真正成熟起来，遇到困难就放弃也很难让他们有所成就。

宏宏是一个不喜欢学习、只喜欢玩游戏的小男孩。由于父母工作较忙，他平时都住在爷爷奶奶家。爷爷和奶奶只有他这么一个孙子，宏宏想要干什么，爷爷奶奶都不管他。因此，宏宏从小就沉迷于看电视和打游戏，很少主动学习。

幼儿园结束就要上小学了，父母发现宏宏懂得的知识和同年龄段的小朋友比相差很多，平时也不能够很专注地完成老师交代的作业，上课也坐不住，总想去看看这个，玩玩那个。为此，爸爸决定在暑假好好规范宏宏的行为。

爸爸的想法很简单，就是想让宏宏每天掌握一点他应该懂得的知识，但是第一天爸爸就遇到了困难。这天的任务是背诵乘法口诀表，宏宏一开始兴致很高，可是背着背着就丢下书跑去玩积木了。爸爸看在眼里，问宏宏："你的乘法口诀表背完了吗？"宏宏连头都没抬："背完了背完了，我要玩变形金

刚了。""那你背一遍给爸爸听听，背完了爸爸就奖励你新的玩具。"宏宏听了，放下手里的积木，来到爸爸面前开始背诵乘法口诀。可是宏宏背到五九就卡住了，怎么也背不出来后面的。爸爸让宏宏继续背，宏宏要赖似的哭了起来："我不背，我不背，背乘法口诀表太痛苦了，我要玩积木。"

后来爸爸发现，只要是遇到困难，宏宏就会选择逃避。当宏宏觉得一件事情让他不开心，他就会放下这件事情，选择其他让他开心的事情去做。爸爸觉得这样下去对宏宏是没有好处的，但是爸爸也不知道用什么办法可以帮助宏宏，为此爸爸很苦恼。

7号乐观型孩子从小就喜欢挑战和冒险，即使是面对那些会令其他孩子感到恐惧的事情，他们也总是一副满不在乎的样子。其实，他们只是选择用另外一种方式来逃避眼前的痛苦。他们不想面对那些让自己感到焦虑、烦躁以及艰难的事情。

7号乐观型孩子并不是没有悲伤、难过的时候，只是他们会用寻找乐趣的方式来逃避。在现实的学习与生活中也是一样的，当他们觉得学习很难，让他们感觉很痛苦，他们不会想着努力完成学习任务，而是选择逃避和放弃。

7号乐观型孩子之所以这样，是因为他们固有的思维模式使他们认定每个人都应该致力于寻找美好、快乐的体验，同时避开所有不美好的感受。因此，他们最害怕的是失去快乐，只有在快乐的环境下，他们才能摆脱内心的恐惧，感到安全。在他们的心中，永远都保留着"我要让自己快乐"的想法。所以，当他们感觉痛苦、麻烦的时候，他们会选择以玩乐的方式麻痹这种不好的体验，逃避这些负面却真实存在的问题。这种心理，也是阻碍7号乐观型孩子进步的障碍。

家长需要做的就是让孩子学会面对痛苦，克服困难，专注一致，这样孩子才能获得真正意义上的快乐和成就感，而并非表面上的快乐。但是专注的过程对于7号乐观型孩子来说也是痛苦的，这个时候就需要家长的陪伴与帮助。孩子只有坚持做好每一件事，学会面对困难，才能够走出逃避问题的障碍。

要想给予7号乐观型孩子真正的快乐，使他们拥有健康的身心，家长需要做的不仅仅是教会孩子克服困难，还需要与孩子一起体验生活中各种各样不同的感受。要让孩子知道，困难、痛苦和悲伤并没有什么可怕的，这些感受和快乐一样，都是生活中的一部分。对于7号乐观型孩子来说，适时地亲身感受一下生活中那些令人难过的场面，适时地经历一些困难，对于他们的成长是非常有帮助的。

教会孩子诚实，不要盲目批评谎言

7号乐观型孩子很招人喜欢，大家也都愿意与7号乐观型孩子相处。但正是由于7号乐观型孩子很受欢迎，所以他们常常会以自我为中心，还会习惯性地用说谎来维持自己的形象。此外，7号乐观型孩子常常否认挫折、困难和失败，用自圆其说的方式来回避自己内心的恐慌。当遇到麻烦的时候，他们也会寻找借口和理由为自己推脱，但是他们这样做的目的只是为了被他人接受和喜欢。

雷雷今年5岁了，妈妈发现雷雷很喜欢说谎。

这一天，雷雷的舅舅来看雷雷，问雷雷："雷雷，你今年几岁了？"雷雷想也没想就回答："8岁了。"接着，舅舅又问他："那你在幼儿园里听话吗？""听话，我还是班长呢。"舅舅笑了笑，又问："听说你刚才和邻居家的牛牛进行五子棋比赛，是你赢了还是牛牛赢了？""当然是我赢了！"其实，雷雷只有5岁，只是幼儿园里的小组长，下五子棋也从来没有赢过牛牛，可是他却说了谎。妈妈虽然没有戳穿他，但还是担忧孩子这么小就说谎，长大不够诚实稳重该怎么办。

雷雷不仅在这些事情上说谎，还会找借口掩饰自己犯的错误，比如明明是因为自己前一天玩得太晚没有做完作业，第二天却骗老师说自己忘记带作业本了。明明是自己不小心弄坏了幼儿园的玩具，却骗老师说玩具本来就是坏的。还会偷偷倒掉自己不喜欢喝的汤，骗老师说自己已经把汤喝完了。妈妈知道以后，更为雷雷感到担忧。爸爸也因此批评过雷雷很多次，可是都没有什么效果。

其实，对于7号乐观型孩子来说，他们不希望受到家长和老师的批评，他们认为那是对自己的排斥。所以当孩子找借口逃避自己的错误时，家长首先要理解孩子的内心世界，不要随便对孩子发怒，其次才是对孩子进行教育。

在对孩子表示理解之后，家长要让孩子知道，做错了事情要勇于承担，诚实才是美好的品德。告诉孩子，只有勇于承认错误，承担责任，才能得到父母和老师的喜爱。

为了防止孩子说谎，家长在孩子面前也必须诚实、坦然、正直，更要真诚地对待孩子，不能欺骗孩子，即使是善意的谎言也不行。只有这样，才能够建立亲子之间的信任，而孩子只有信任自己的父母，才能说出自己内心的真实想法，从而减少说谎的可能。

因此，作为父母，需要关注的不是谎言本身，而是孩子为什么说谎。如果是很小的孩子，他们说谎有的时候是源于自己内心的天真和想象，以及他们对于未来美好的憧憬。比如孩子说自己的小熊会飞，会陪他说话，这虽然不是真的，但是不能将这种话定义为谎言。对于孩子说的话，有的时候希望家长不要用成人世界的眼光去看待，要知道孩子无意识地说谎是无害的，是孩子在心理发育过程中的正常表现。家长还需要分清孩子吹牛和撒谎的区别，只有这样才能对症下药。

让孩子懂得尊重他人感受，学会分享

著名教育实践家苏霍姆林斯基说："要求每个人从幼年起就会关注别人的精神世界。使每个人的个人幸福来源于与其亲密的个人关系中的纯洁、美好、高尚的道德。在教育过程中让孩子学会感受别人的痛苦、忧伤和不幸，并和需要同情帮助的人共忧患。"

7号乐观型孩子是很以自我为中心的，他们追求的是自己内心的快乐。因此，家长需要帮助孩子克服以自我为中心的思维习惯，教会他们学会关心、体谅、尊重他人的感受，学会分享。否则，其他的小伙伴就会疏远、孤立他们，使他们交不到知心朋友，享受不到与他人交往的乐趣。

勋勋是家里的"小霸王"，也是幼儿园里的"大哥"，谁要是惹了他，或者没有满足他的需要，他就会大吼大叫，让人十分头疼。

妈妈上班已经很累了，他一定要妈妈去给他买橙子吃，妈妈不去他就在客厅的地板上打滚，妈妈没有办法只好去给他买，可是妈妈把橙子买回来以后，他却把橙子拿到房间里自己吃，不给父母吃。爸爸批评他甚至要打他，他也不以为然。在幼儿园里，他就更霸道了，他想玩的玩具从来不让给其他小朋友，谁要是抢了他的玩具，他就凶人家。父母带他出去玩，他还会在地铁里捣乱，也不遵守规则乖乖排队，总是大喊大叫，让人不得安宁。他还会抢别人的零食，在家里的墙壁上乱涂乱画，不仅幼儿园里的许多孩子都不愿意理勋勋，就连父母看见勋勋这样都懒得理他。

像勋勋这样的孩子不在少数，如果家长不加以引导，那么孩子的恶习只会越演越烈。

以自我为中心的孩子最大的问题就在于他们只顾自己的想法，不尊重他人的感受。他们遇到事情只希望满足自己的欲望，要求大家都为他们服务，却从不考虑他人，不愿意为他人做出牺牲，严重一些的就会变成自私自利、损人利己的人。

自我中心意识对于孩子来说是很有害的，会严重影响孩子的行为，也会影响孩子良好思想品德的形成。因此，以自我为中心的孩子会遭到他人的厌恶，自然会被他人疏远。孩子如果一直以自我为中心，将来很有可能把心思放在对利益与自我欲望的追求上，他们很难有崇高的理想和远大的目标。

其实，自我中心意识是每个孩子都有的，只是在程度上和发展速度上存在着差异。相比之下，7号乐观型孩子的自我中心意识是比较强的。需要注意的是，如果孩子的自我倾向过于严重，或者到了4~5岁，甚至6~7岁时，孩子还停留在以自我为中心的阶段，那么就需要家长引导孩子学会尊重他人，学会分享。

当孩子抢其他小朋友的玩具时，家长要让孩子知道，东西是属于其他小朋友的，想玩别人的东西要和对方商量，问对方能否借过来玩一玩，如果对方不同意就不能强求。

如果孩子已经抢了其他孩子的东西，家长要适当惩罚，不能任由孩子发展下去，只有当孩子意识到自己错了，才能够改正自己的行为。家长可以采取没收孩子喜欢的玩具作为惩罚的方式，或者让孩子用自己喜爱的玩具去补偿被抢的孩子，让孩子体会到自己心爱之物被剥夺的感受，让他们学会换位思考。

家长还需要在日常生活中适时地赞美孩子的友好行为。通过一段时间的引导，孩子在一段时间里可能就会变得不那么霸道，家长需要及时给予孩子赞美和肯定。比如对孩子说"你真懂事，你不再抢小朋友的东西了，要是能够把自己玩具和小伙伴一起分享，那就更好了"之类的话。久而久之，孩子就会知道这个行为是招人喜欢的，他们就会争取表现得更好。

家长还可以转移家庭焦点。现在孩子在家里通常都是被家长宠着长大的，有的孩子从一出生就是家庭的焦点，所有大人都围着一个孩子转。但是，家长要知道，如果溺爱孩子，那么孩子的自我中心意识会被不断放大。家长应该适当让孩子学会独立，把孩子当作一个独立的人，当成与其他家庭成员平等的人，这样孩子才能正确认识自己，也看得到别人。

平时有什么好吃的，家长也要引导孩子与其他家庭成员分享，哪怕是一个水果都可以分享着吃，要让孩子养成心中有他人的良好习惯。还要告诉孩子，不仅要和家里人分享，还应该和其他人分享。比如把自己的玩具拿出来和客人一起玩，和幼儿园的小伙伴分享同一本故事书，这样逐渐地孩子就愿意把自己的东西分享给其他小朋友了。引导孩子与他人分享，孩子就能学会理解、同情他人，这样有助于孩子走出自我中心，逐渐懂得关爱他人。

培养孩子的耐心，克服做事三分钟热度

7号乐观型孩子生性贪玩，是典型的享乐主义者。他们做事情都是没有计划的，即兴而为，想干什么就干什么。他们喜欢尝试新鲜事物，但总是三分钟热度，缺乏耐性。在不耐烦的时候，甚至还会冲动行事。

妈妈带桓桓去市场买东西，看见市场上一个老奶奶挑着担子在卖小鸡崽。小鸡崽黄澄澄的，叽叽喳喳叫着十分可爱。桓桓的眼睛盯着小鸡崽，拽着妈妈不肯移动脚步。妈妈看出桓桓很想养，问桓桓："你是不是很喜欢小鸡崽？""嗯，喜欢，你看它们嫩黄嫩黄的，又毛茸茸的，多可爱啊。"桓桓边说边拉着妈妈的袖子，"妈妈，妈妈，我们买两只小鸡回家养，好不好？"妈妈想起桓桓做事情都是三分钟热度，于是对桓桓说："那你能跟妈妈保证你会一直照顾小鸡，直到它们长大吗？""能！"桓桓想也没想就点了点头。"那你还要保证每天都给它们喂水和食物，并帮它们收拾它们的小窝，你能做到吗？""能！"桓桓大声地回答。于是，妈妈答应了桓桓的请求，从老奶奶那里买了两只小鸡带回家。

桓桓一开始兴致很高，不仅和爸爸一起为小鸡做了暖和舒适的窝，还每天泡小米喂小鸡，就连收拾小鸡的粪便他都很积极。可是过了一个星期后，桓桓就失去了刚开始养小鸡的新鲜感。必须父母叫他，他才肯给小鸡喂水，还说出"要是小鸡不在，就好了"这种话。妈妈听了，决定让孩子意识到他这样做是不对的，从而培养他做事的耐心和持久性。

于是妈妈偷偷地把小鸡送到桓桓的外婆家，并告诉桓桓因为他照顾不周，小鸡已经死掉了。桓桓虽然失去了养小鸡的热情，但他还是很喜欢小鸡的，听到妈妈这样说，桓桓伤心地哭了起来。

妈妈趁机教育桓桓："桓桓，你要知道，你这样做事情三分钟热度、没有耐心，不仅伤害了小鸡，还会伤害其他人，因为他们总是要帮你收拾残局。你这样做，大家也会越来越不喜欢你的。""妈妈，我知道错了，要是再给我一次机会，我一定会好好地照顾小鸡。"由于桓桓认识到自己的错误，妈妈也把小鸡从外婆家接了回来，这之后虽然桓桓有的时候还是想放弃，但是一想到那样做会伤害别人，他就又坚持下来了。看到恒恒的改变，妈妈感觉很欣慰。

做事情没有耐心的7号乐观型孩子往往心理比较脆弱，意志力薄弱，他们的情绪不稳定，注意力也很难集中。如果家长没有培养孩子专注的好习惯，那么孩子做事总是会三分钟热度，导致长大后也会没有耐心，甚至没有自立、自理的能力。由于这类孩子做事很难坚持到底，所以他们往往体会不到成功的喜悦，这样长久下去，他们的自信心会严重不足，甚至产生自卑心理。

很多7号乐观型孩子做事达不到他们预估的效果，其实不是因为他们的能力不足，也不是因为他们的热情和兴趣不够，而是他们的性格导致他们缺乏坚持不懈的精神，从而做事情不是一时兴起，有始无终，就是东拼西凑，糊弄了事。他们对于自己的目标常常是怀疑的、不坚定的，很难完整地做好一件事情。

家长需要让7号乐观型孩子知道，开始做一件事情需要的是决心和热忱，而完成它需要的是恒心与毅力。如果一件事情不能坚持下去，不仅自己会越来越没有信心，有的时候还会伤害到身边的人。

在日常生活中，如果孩子有未完成的事情，比如说没有做完的手工，没有画完的画，没有学会的轮滑，家长可以让孩子整理出来，在没有其他事情的时候静下心来把没有完成的事情继续完成。一旦完成，孩子就能体会到其中的成就感，他们也会觉得很快乐。慢慢地他们就会明白，当这些东西没有完成时，是什么用处都没有的，但是一旦完成，就会变成漂亮的成品，自己也能养成值得骄傲的技能。为此，他们也会愿意多付出一分耐心和时间，不断发掘自己的潜在能量。

与7号乐观型孩子相处小秘诀

与7号乐观型孩子的相处禁忌及调整方式

〇家长不要因为孩子调皮就随意打骂。7号乐观型孩子与其他类型的孩子相比，是十分活泼和调皮的，他们有的时候会因为自己的调皮而做错事情，甚至会对身边的人造成一定的困扰。这个时候家长要逐渐规范孩子的行为。可以采用劝导和适当的惩罚，让孩子知道就算是调皮，有些事情也是不能做的。值得提醒的是，如果家长总是因为孩子的一点儿小错就打骂孩子，那么孩子只会更加叛逆。

〇不要受到孩子情绪变化的影响。7号乐观型孩子的情绪天生就是不稳定的，他们的情绪总是来得快，去得也快。此外，他们还很擅长观察家长的脸色行事。因此当孩子的情绪出现波动时，家长不应该轻易被孩子的情绪所影响，这个时候家长更应该保持冷静，观察孩子的举动，等孩子平静下来再与其进行沟通。如果家长也被孩子的情绪所影响，用吼叫的方式强迫孩子冷静下来，反而会产生更严重的负面影响。

〇不要随意夸奖孩子。7号乐观型孩子很聪明，因此他们对于学习能很轻松地掌握，但是他们却不愿意继续钻研，这与他们很难专心有关。在学习中，他们很快就可以搞懂很多问题，然后洋洋得意，不会让知识沉淀下来。这个时候如果家长夸奖他们学得快，那么只会让他们更加飘飘然。建议家长帮助孩子定下心来，发掘寻找更多、更深层次答案的乐趣，这对培养孩子情绪的稳定性是很有好处的。

当7号乐观型孩子完成某件事的时候，建议家长夸奖孩子努力而不是夸奖孩子聪明，并鼓励孩子说出自己努力的过程。在孩子讲述的过程中，家长可以就孩子出现的问题进行点评，并给予建议。因为7号乐观型孩子原本就是很聪明的，而且他们很会用自己的小聪明做事。如果家长只是夸奖孩子聪明，那么他们就会形成自己的小聪明被认可的感觉，并且觉得只要靠自己的小聪明就能成功，因而忽略努力的重要性。

○不要被孩子的跳跃性思维影响。7号乐观型孩子拥有很强的跳跃性思维，这是他们头脑灵活以及聪明的象征。但是相对的，他们也缺乏专注力，当家长与孩子进行沟通时，会很容易被孩子的思维带着跑，所以家长需要特别留意，要尽可能地把谈话拉回之前谈论的话题上。但是不建议家长使用强硬的态度，否则7号乐观型孩子就会产生抵触情绪。

○不要打断孩子正在做的事情。当7号乐观型孩子玩玩具、做功课、吃饭或者是和其他小朋友玩耍时，不要轻易打断孩子正在做的事情。培养7号乐观型孩子的专注力是很不容易的，如果打断他们，就会在无形中增加他们的不安定因素。反之，则可以培养孩子的专注力。

如何打开7号乐观型孩子的心扉

○协助孩子制订计划。当7号乐观型孩子遇到自己感兴趣的事情时，他们就会很快付诸行动，但是他们的热情往往不会持续很久。这个时候父母可以从侧面询问孩子的计划，并协助孩子制定相应的阶段性规划，鼓励孩子逐一完成。要想延续孩子的热情，家长制订的计划就要具有趣味性，比如用寻宝的方式让孩子完成玩具的整理。久而久之，孩子完成的项目多了，并从中获得了乐趣，就会增强对父母的信任，从而主动打开心扉，寻求父母的帮助。

○委婉点破孩子的谎话。7号乐观型孩子天生比较机警，他总是找借口推脱自己出现的问题，也会在父母面前吹牛。有的时候家长可以轻易看穿孩子的小谎言，但要注意不要不留情面地戳穿孩子或者是强迫孩子承认错误。孩子掩饰自己，往往是因为怕自己得不到认可。家长要帮助孩子打开心扉，询问孩子究竟为什么吹牛和说谎。此外，家长还要鼓励孩子承担责任，帮助孩子达成愿望。

○帮助孩子面对负面情绪。7号乐观型孩子看似很乐观，其实他们只是用自己的乐观逃避不良情绪。他们会极力避开困难，但是家长不能单纯地以为孩子没心没肺。就算是7号乐观型孩子，也会有让他们不开心的小情绪，他们也会觉得疲倦。所以当孩子比较安静的时候，家长可以多询问孩子"你现在的感受如何，觉得累吗"，而不是问"你在想什么，你应该去做什么事情"。这样孩子就会愿意说出自己内心的感受，而不是一个人面对负面情绪。

如何让7号乐观型孩子更有效地学习

○帮助孩子用错题集克服马马虎虎的坏毛病。7号乐观型孩子无论是做作业还是考试，都很容易出现马虎的毛病。家长可以帮助孩子买一个厚一点的本子作为错题集，让孩子把自己每次作业中和考试中的错题抄写在错题集上，并找出错误的原因，然后再把正确的答案写出来。这实际上是一个错题的档案，可以让孩子发现自己错误的原因究竟是因为马虎还是真的不会做。这样孩子就会逐渐意识到自己马虎的危害，并下定决心改正。

错题集也是孩子进行自我教育的一种好办法。他们可以对自己学习的知识进行分类，然后根据自己做题时的错误记录来分析自己对知识的掌握情况。这样一来，孩子能够对自己所学的知识有一个系统的了解，明白自己真正薄弱的环节。等孩子逐渐升到较高的年级时，孩子就能够养成自觉总结归类的好习惯。在期末进行复习的时候，孩子也能够根据自己的错题集，在夯实基础的同时，查缺补漏。

○帮助孩子克服虎头蛇尾的坏习惯。7号乐观型孩子领悟力强、头脑灵活，脑筋动得快，并且具有良好的组织能力和吸收能力，因此无论是读书还是学习，都能够很快地掌握要领，一学即会。然而，他们是缺乏耐性的，就算是学习，也常常虎头蛇尾，做了计划之后很难一心一意地实施，总是半途而废。所以在日常的学习中，家长需要留意孩子这方面的问题，鼓励孩子将自己手边的功课做完。如果学习了兴趣类课程也一定要坚持，并且有意识地帮助孩子提高他们的兴趣，让他们体会到学习的快乐。

家长还要多留意7号乐观型孩子的才能，帮助他们找出发展方向，锻炼他们的持久力。父母应该在孩子学习的过程中提醒孩子专注，不要心猿意马，也应该为孩子提供一个相对安静的学习环境，帮助孩子静下心来学习。还要告诉孩子多多听取别人的评价，修正自己的问题，不要高估自己的能力，也不要对自己没有信心。提醒孩子及时处理眼前的问题，不要拖延和逃避。

○帮助孩子选择灵活的教育模式。7号乐观型孩子天生活泼好动，他们喜欢观察，喜欢琢磨新鲜事物，不喜欢枯燥无味、一成不变的东西。他们在学习方面资质和天分是很高的，并且喜欢结交朋友。但是在真正学习的过程中，他们缺乏耐力和持久力，会从内心里逃避痛苦和困难，否认难题和挫折，从而回避自己内心对于难题的恐惧。因此他们其实更适合具有启发性、挑战性和灵活多变的教育模式。家长可以帮助孩子有选择地参加一些竞赛，还可以带孩子参加兴趣活动课，让孩子在娱乐中学习，让孩子在竞争中明确自己的目标，树立信心，克服恐惧。

如何塑造与7号乐观型孩子完美的亲子关系

○不要过多束缚，适当给孩子自由。7号乐观型孩子爱玩、爱闹，也很调皮。他们活泼好动，从小就不是那种规规矩矩、乖巧懂事的孩子。他们爱自由，不喜欢自己被限制，因此他们的书桌和房间总是凌乱的，给人一种散漫的感觉。作为家长，不能盲目要求孩子将自己的空间保持整洁，有的时候过多的规矩反而会成为束缚7号乐观型孩子成长的枷锁。

对于7号乐观型孩子，家长完全可以给他们适当的自由与权利。最好给他们安排一个独立而安静的房间。将这个空间中的所有事情完全交由孩子自己做主，相信这样就能够减少孩子与家长之间的矛盾，有利于塑造和谐的亲子关系。

○尊重孩子的选择，保持愉悦的心情。7号乐观型孩子很不喜欢自己被束缚或者被家长控制，他们喜欢有更多愉快的选择。因此，面对7号乐观型孩子，家长应该让孩子为自己的事情做决定，让孩子选择适合自己的兴趣爱好和学习方式。

家长需要注意的是，如果孩子在家长的过度保护下成长，事事需要家长做主，那么孩子长大之后也会变得优柔寡断，缺乏面对事情的勇气和处理实际问题的能力。而且也会使7号乐观型孩子变得更加叛逆，与家长形成敌对的关系。因此，家长应该尊重7号乐观型孩子的合理选择，可以提出建议，引导孩子朝着好的方向发展。这样亲子关系才能愉悦和谐，从而避免不必要的矛盾和争吵。

○做7号乐观型孩子的情绪调控者。在7号乐观型孩子眼中，家长是他们的监督者。他们认为家长总是不断给自己定规矩、设限制，目的就是禁锢他们的某些行为，使他们没有自己的世界。因此，在大多数7号乐观型孩子的心里，都对家长有一定的抵抗心理，对家长缺少认同感。

7号乐观型孩子总是在寻找不同的办法来逃避家长的监管，他们很少与家长进行交流。其实作为7号乐观型孩子的家长，不应该做孩子行为的监督者，而应该做孩子情绪的调控者。当7号乐观型孩子一时冲动、莽撞或者是过度活跃的时候，家长需要帮助孩子及时刹车，控制孩子的情绪，而不是管教孩子的行为。

7号乐观型孩子最想听的一句话

"不要担心，也不要放弃，我会一直陪着你完成你想要做的事情。"

第九章

8号领袖型：肯定孩子的领导力，帮其化解急脾气

8号领袖型孩子，行动迅速，做事果断，但是脾气急躁，喜欢指挥他人，不懂得变通，缺乏自律。因此，家长应该培养孩子的忍耐力，提高孩子的控制力。

8号领袖型孩子性格全解读

8号领袖型孩子，他们认为自己是可以领导小伙伴的小队长，面对挑战他们不会轻易退缩。他们坚强、诚实，喜欢用直接的方式和他人进行沟通。他们的性格特质中还有很多我们不知道的小秘密，就让我们一起来了解8号领袖型孩子性格的全面特征吧。

8号领袖型：自主性强，有领导小伙伴的欲望，不轻易示弱

〇核心价值观：要做一个自强不息的人，想要运用强大的自信和意志力战胜外界环境，为社会做出贡献；助强扶弱，喜欢主持正义，崇尚公平。

〇外在特征：霸气，气度不凡，有大将之风；声音洪亮，不拘小节，走路昂首挺胸。

〇行为习惯：自信果断，一旦产生想法就会马上行动；不喜欢服从而是对抗和指挥；喜欢说服别人同意自己的观点。

〇性格优势：勇敢、自信、果断，有勇气和正义感，喜欢挑战，不服输，是天生的领导者。

〇性格劣势：固执不懂得变通；盲目自信，有的时候无法听取他人的意见。

〇性格陷阱：豪放鲁莽，个性冲动，喜欢替他人做主和发号施令；很难听进他人的意见；缺乏温柔，很难站在他人的角度思考问题。

○人际关系：被大家当作是小英雄，受人尊敬；喜欢被人尊重，而不是被人喜爱；通常会支持弱势或者是处于不利地位的一方。

○内心活动："只有自己成为保护者的角色，才能够得到大家的拥护"。

○心灵误区："如果表露出软弱的一面，我就会失去所拥有的，也没有办法得到大家的拥护"。

○常用词汇："喂！跟我走准没错""我不会错的""你要……听我的""相信我"。

○兴趣培养：音乐、美术、冥想、瑜伽、公益活动。

8号领袖型孩子的主要性格及行为特征

○当他们遇到不公平的事情，他们会挺身而出保护弱者。

○他们喜欢替别人做主或者指挥别人，不喜欢受到他人的支配。

○他们个性冲动，当别人触怒他们时，他们会立刻反击，不会轻易承认自己的失败，也不会轻易认输。

○他们从小就喜欢打抱不平，而且会爆发出无限的力量，即使面对的"敌人"比自己强大很多，他们也不会放弃维护正义。

○他们具有很强烈的自主意识。他们喜欢变化，喜欢表现自己，不喜欢条条框框的规矩。

○对于自己喜欢的事情，他们总是很投入，常常处于一种兴奋的状态。

○他们喜欢将人与人之间的关系放在对立面上来看待。

○他们容易发怒、冲动，但是他们直率，内心简单、天真，有的时候会先行动后思考。

○他们觉得自己并不是很聪明，但是也绝对不笨拙，他们愿意踏踏实实完成自己想要完成的事情。

○他们喜欢当伙伴中的"大哥"，在一起玩耍的时候喜欢成为指挥和制定游戏规则的那个，他们还是游戏中规则的维护者。

○他们控制欲比较强，是自己的事情绝对不会让他人插手，有时还会排斥别人的帮忙。

○他们有正义感，敢作敢当，喜欢保护他人，但是脾气暴躁，很容易发怒，也很冲动，爱冲他人发脾气。

○他们人缘极佳，但是在陌生的环境中，他们会有一些不自然，会用其他的行为掩盖自己的不适应。

○他们的语气以及行为都比一般的孩子要强势，不管是大声说话还是行为的激烈，他们总是让人不得不注意到他们的存在。

○他们在任何事情上都不会过于控制自己，也不会去控制自己的情绪。他们会一直吃自己喜欢的食物，也会一生气就大发脾气。

○他们总是精力充沛，有的时候会让老师和家长感到招架不住。

○他们有自己的规划，并且现实理性，不会把时间浪费在他们认为没有结果的事情上。

○他们说话直截了当，干净利落，通常让人没有反驳的余地，同时他们很讨厌那些拐弯抹角又客套的人。

○他们对自己感兴趣的东西会很投入，喜欢学习很多东西，常常全身心地投入学习中，但是他们的自律性不高，常常无法取得较为突出的成绩。

培养孩子的忍耐力，控制急脾气

从前，有一个脾气很坏的男孩，他总是很暴躁，容易发脾气。因此，他的身边没有什么朋友。有一天，男孩的爸爸给了他一袋钉子，告诉他每次发脾气或者跟人吵架的时候，就在院子的篱笆上钉一枚。

第一天，男孩钉了37枚钉子。后面的几天，他学会控制自己的脾气，每天钉的钉子逐渐减少。他发现，控制自己的脾气，实际上比钉钉子要容易得多。终于有一天，他一根钉子都没有钉，他高兴地把这件事告诉了爸爸。爸爸说："从今以后，如果你一天都没有发脾气，就可以在这天拔掉一根钉子。"日子一天一天过去，最后，钉子全被拔光了。

爸爸带他来到篱笆边上，对他说："儿子，你做得很好，可是看看篱笆上的钉子洞，这些洞永远也不可能恢复了。这些洞就像你和一个人吵架，说了些难听的话，在他心里留下的一个个伤口。插一把刀子在一个人的身体里，再拔出来，伤口很难以愈合的。无论你怎么道歉，伤口总是在那儿。要知道，身体上的伤口和心灵上的伤口一样都难以恢复……"

8号领袖型孩子做事情非常有决心，他们往往行动迅速，但是他们的忍耐力很差，脾气很暴躁，常常发怒。

一位8号领袖型孩子的家长在孩子的成长日记上这样写道："我的孩子自从上了小学之后就特别容易发脾气，只要有不满意的地方，他就大吼大叫，有的时候甚至摔坏房间里的东西，还会用力摔门。就连我去他的房间送水果，他也会很不耐烦，急急忙忙地就把我赶出来。后来我发现，孩子不仅在家里是这样，在学校里和他身边的小伙伴相处得也不是很融洽。他也会对着小朋友们发脾气，老师今天又和我反映，就因为他的同桌在他写作业的时候不小心碰掉了他的橡皮，他就把对方推倒在地，真是太不像话了。可是不管我说他多少遍，他就是改不掉自己的急脾气，真是让人担心。"

如果你的孩子也是8号领袖型孩子中脾气暴躁的一个，不妨给孩子讲讲钉钉子的故事，也可以像故事中的那个爸爸一样，找到一种好的办法，帮助孩子控制自己的坏脾气。

很多8号领袖型孩子都因为性格原因而脾气暴躁，他们对于自己想做的事情是非完成不可的，在做事情的时候常常会急于求成，没有忍耐力。一旦他们的事情被打扰或者是失败，他们就会心情不好，很容易发脾气。他们会将自己的情绪迁怒到身边人的身上，他们会怪家长、伙伴，但是不会冷静下来从自己身上找原因。

事实上，要想帮助孩子培养忍耐力，控制孩子的急脾气，首先需要明白孩子暴躁发怒的主要原因。

8号领袖型孩子的急躁脾气产生的主要因为是他们做事情的时间紧迫，由于许多事情需要在一定的时间内完成，孩子有的时候没有办法统筹安排好时间，所以就会对突然出现打断他们做事的人发脾气，这就是为什么孩子有的时候会很排斥自己做作业的过程中妈妈进来送水果，也会冲把自己橡皮碰掉的同桌发脾气。这个时候的孩子其实是因为自己动作太慢或者是出现错误而无法完成事情而急躁，他们只想着怎样加快自己的进程，却忽略了身边人的感受。遇到这样的情况，家长要帮助孩子安排时间，制订计划，在孩子遇到困难的时候及时疏导孩子的心情。

如果8号领袖型孩子在完成某件事的时候能力有限，也会导致孩子脾气急躁。就算时间充足，可是由于孩子对自己的能力预估不足，他们有的时候也会有难以完成计划的情况，这个时候孩子就会意识到自己的能力有待提高。再加上由于能力不足，孩子可能会受到惩罚或者是得不到奖励，在这种情况下，他们也会变得很急躁。如果孩子是因为这种原因发脾气，家长可以适当安慰孩子，帮助孩子提高能力，给予孩子鼓励，让孩子冷静下来，忍耐自己的不良情绪，将急躁转化为动力，争取取得下一次的成功。

其实孩子脾气急躁，追根究底是因为孩子缺乏忍耐力，缺乏做事情的恒心和毅力。对于学习外语、绘画、制作艺术品等需要消耗一定时间和精力才能够完成的事情，8号领袖型性格的孩子往往没有足够的恒心和毅力，他们不能够忍受长时间地处于同一种未完成的状态。他们希望在短时间内就可以完成所有想要完成的事情，可是实际情况往往不能如愿，这个时候他们也会表现得很急躁。出现这种情况，家长可以让孩子适当地放松，帮助孩子沉下心来，告诉孩子成功不是一蹴而就的，只有忍受了过程中的艰辛，才能收获成功后的喜悦。

孩子性格急躁发脾气，并不是孩子从内心里就想和他人发生争执，而是他们不会控制自己的脾气。如果家长发现孩子做事急躁，可以采用以下几种措施帮助孩子控制脾气。

首先，教会孩子先思考再行动。很多8号领袖型孩子都是先行动后思考的，他们总是急于为一件事情下结论。这就需要家长引导孩子在行动之前先思考，说话做事都不要过早地下定论，要认真考虑清楚之后，仔细分析前因后果和别人的意思，再给予比较明确的答复。如果实在不知道怎样回答，就不要随便给出答案，而是要承认自己对情况不够了解。

其次，告诉孩子量力而行。8号领袖型孩子总是不能对自己的能力进行预测，他们有的时候会觉得自己认为可以完成的事情就一定能够完成，但是事实并非如此。在完成不了预计的目标时，他们就会产生急躁冒进的情绪，这样对孩子的情绪管理是很没有帮助的。因此，需要让孩子学会准确估计自己完成一件事情的时间和自己做这件事情的实际能力，不要把目标定得太高，也不能把时间限制得太死。如果自己制订的计划和目标超出了孩子的能力范围，或者是在规定的时间内不能完成，那么孩子自然会产生急躁的情绪。

孩子要知道的是，做事情不在于完成得快，而在于完成得好。做一件事情一定要脚踏实地，一步一个脚印，坚持到底，而不是急于求成。在日常生活中，家长可以帮助孩子制定每次需要完成的小目标，比如说将一周写十页字帖换成每天写两页字帖，这样孩子就会每天都能够享受到成功带来的喜悦，也会更加能够坚持完成任务。

最后，家长也需要做孩子的表率，在遇到事情的时候冷静处理，为孩子做个好的榜样。如果家长对孩子的急躁失去信心，变得暴躁，与孩子对立起来，这样反而会强化孩子急躁的行为方式。如果家长急于求成，恨铁不成钢，对孩子要求过于严格，孩子就会更加急躁，失去忍耐力，从而无法控制自己的情绪。

在日常生活与学习中，家长还可以通过一些玩具与活动帮助孩子培养忍耐力。比如，给孩子一些需要动手制作的玩具，像积木、拼图、手工纸模等，还可以带孩子参加陶艺、插花、绘画、折纸等活动，这样就能让孩子慢慢养成细致、耐心、不急不躁的好性格，还能使孩子变得心灵手巧。

学会聆听，不要与孩子"硬碰硬"

豪豪和妈妈都是家里的"脾气暴躁户"，两个人和平相处的时候家中就会一片和谐，但是一旦两个人观点不同就会"大动干戈"，爸爸每次都要做调解员，十分无奈。

这天，豪豪在房间里拼拼图，可能是一直拼不好，所以他一直处于一种烦躁的状态。妈妈在客厅收拾卫生，看到客厅里乱糟糟的，心里也是一股火无处发泄。两个人原本在各自的空间里相安无事，但是妈妈发现客厅里堆满了豪豪的玩具和图画书还没有收拾，妈妈的脾气瞬间被点燃，她冲着豪豪的房间大喊："豪豪，你快点过来把你的玩具和图画书收拾起来！""我不！我不！你放在那里，我下午还要在客厅里玩呢！"豪豪也冲妈妈喊道。"不行，你现在不收拾，就别吃午饭了！"妈妈不依不饶，将豪豪从房间里拉到客厅。"不行不行，我要把拼图拼完！"豪豪赖在地上不起来，还把客厅里的玩具更用力地扔远了。妈妈更生气了，眼看着巴掌就要落在豪豪的屁股上。

这个时候，在书房看书的爸爸听到客厅里的动静，连忙赶过来劝说。爸爸先是劝妈妈："你别和孩子急，平时你叫豪豪整理玩具，他都挺积极的，今天不整理一定有他自己的理由。你先别生气，听听孩子想做什么。"然后爸爸又转过身问豪豪："豪豪，你在房间里做什么呢？妈妈让你整理玩具，你为什么不整理呢？""我在房间里拼拼图，可是怎么也拼不好，我想拼好了再收拾。"豪豪委屈地说。"那你下次要和妈妈好好说清楚，不要发脾气乱扔玩具，好不好？让妈妈也答应你，不再冲你吼，而是好好和你说话，好不好？"豪豪和妈妈点了点头。爸爸接着对豪豪说："妈妈收拾屋子很辛苦，你答应爸爸以后都主动收拾好玩具，好吗？一会儿，你先收拾好玩具，拼图拼不好别着急，下午爸爸帮你看看是哪里出错了，行吗？"就这样，爸爸的几句话消除了妈妈和豪豪的矛盾，妈妈也逐渐意识到不能和孩子"硬碰硬"。随着家里的争吵越来越少，爸爸感到很开心。

8号领袖型孩子原本就是急脾气，他们做不好事情的时候就会很急躁，这个时候如果父母不理解他们，反而冲着他们发火，那么就会使孩子更加难以管教，孩子的脾气会越来越大，甚至会对家长产生抵抗心理。

豪豪爸爸的做法是值得家长们学习的，即耐心询问孩子的心里想法，聆听孩子的诉求。

在要求孩子改掉急脾气之前，家长必须在孩子面前严格要求自己，保持耐心。"硬碰硬"是与8号领袖型孩子相处的一大禁忌，原本孩子就不够冷静，如果这个时候家长也不能保持冷静，那么一定会造成亲子之间更大的矛盾。家长需要做的就是保持冷静，了解孩子心里的真正想法，必要的时候，要采取适当的惩罚，让孩子承担乱发脾气的后果，这样孩子就能够三思而后行。但孩子发怒时，家长与孩子"硬碰硬"，无异于火上浇油。

不要总是对孩子吼叫，激发孩子的坏脾气。当孩子愤怒时，不要反应过度，要仔细聆听。可以主动要求与孩子共同商讨解决问题的办法，给予孩子决定自己事情的权利，尽量不打断孩子正在做的事情，让孩子感受到自己是有自主权的，也要让孩子知道自己是受到父母尊重的，这样就会赢得孩子的信赖。如果家长沉稳、冷静，做事情井井有条，待人接物谦和有礼，对待孩子言行一致，那么相信孩子也会受到父母的熏陶，变得越来越懂得如何控制自己的情绪。

让孩子学会尊重，学会控制自己的支配欲

8号领袖型孩子具有很强的支配欲，他们愿意成为伙伴中的小领导，还希望自己制定的规则能够被大家严格遵守。他们也是规则的守护者，一旦发现他人没有遵守他们制定的规则，他们就会严厉斥责别人，这样会让很多小朋友觉得不公平，甚至为此渐渐疏远他们。

康康是幼儿园里的组织委员，他平时很愿意组织班级里的小朋友做游戏。一开始，大家都很喜欢康康，愿意听从康康的安排，也同意由康康制定游戏规则。

但是久而久之，大家却不那么喜欢和康康一起玩了。大家发现，康康总是自己随意制定游戏规则，不听大家的意见，并且不许小伙伴们违反他制定的游戏规则。可是当他自己触犯规则的时候，却可以随意地改动规则。他还带领小朋友们只玩他喜欢的捉迷藏，不许小朋友们玩其他游戏。

康康平时还很霸道，他喜欢让小朋友们都听他的话，还喜欢为别的小朋友做决定。他在和小伙伴们相处时，常常让孩子们都围着他转，还会指使小伙伴帮他拿东西、领水果，自己却坐在一边不愿意动。当老师问他的同桌晶晶课间想吃什么水果的时候，康康帮晶晶回答说是苹果，还肯定地说晶晶喜欢吃苹果，可是晶晶一点儿也不喜欢吃苹果，晶晶喜欢吃的是草莓。腼腆的

晶晶没有说什么，最后苹果被康康吃了。于是学期结束，晶晶说什么也不愿意和康康做同桌了。很多小朋友都不愿意和康康一起玩，他们也不想让康康再当他们的组织委员。

其实很多8号领袖型孩子都和康康一样，具有很强烈的支配欲和领导欲，他们喜欢大家都听从他们的指挥，还喜欢理所当然地为身边的人做决定。当身边的人不再支持、拥护他们的时候，他们就会觉得自己的存在是没有意义的。

对于这样的孩子，如果家长教育得当，孩子长大以后，就会让自己儿时的"小霸道"转变成领导力，成为同辈中的佼佼者。但是如果不加以管教，孩子的这种行为就会愈演愈烈，甚至会给身边的人造成一定的伤害。

对于孩子的霸道行为，家长要付出一定的关注并且对孩子的行为进行控制，这样才有利于孩子的成长。

首先，家长应该用自己谦和的态度影响孩子。家长应该注意自己平时对待孩子的态度，如果希望孩子少一些霸道，那么家长就不要对孩子霸道。而且，家长要注意的是，自己对于8号领袖型孩子的期望和规定要在合理的范围之内，要符合孩子的成长规律，不要对孩子提出过高的要求。如果家长常常控制孩子的行为，要孩子按照家长的命令行事，孩子也会学习家长的行为，在与其他孩子相处时，将这种专制用到其他孩子身上。

其次，家长还要学会用自己柔和的态度去感染孩子。8号领袖型孩子有的时候会打破家中的规则，有的时候会变得蛮不讲理，但是实际上孩子并不是有意要与家长进行对抗，他们需要的是家长正确的引导。这个时候如果家长逼迫孩子遵守规则，自己却没有以身作则，那么孩子也会像家长一样，在与同伴的游戏时强迫同伴听从自己制定的规则。如果家长能够保持态度上的柔和，尊重孩子的想法，询问孩子的意见，那么相信孩子在与他人相处的过程中，也能够学会询问他人的意见，不会像案例中的康康那样"独断专横"。孩子在面对父母的时候，很容易学会父母为人处世的方式，作为自己为人处世方面的指导。如果家长不能给孩子做出一个榜样，那么孩子很有可能就会往不好的方向发展。

再次，家长还需要为8号领袖型孩子营造相对宽松的生活环境。家长可以交给8号领袖型孩子一些任务，从小的时候开始，就让他们处理自己力所能及的事情，比如把自己的玩具放在整理筐里，自己去书架上找想看的书等。随着孩子年龄的增长，家长还要逐渐给孩子安排一些家务，让他们安排时间主动去完成。家长还可以鼓励孩子为自己的事情做主，成为自己的小领导，增强8号领袖型孩子的自我满足感。渐渐地，孩子就会形成良好的行为习惯，就不会习惯性地指使别人帮助自己做事情。如果孩子能够主动完成自己应该完成的事情，家长可以给予表扬和鼓励，强化孩子的良好行为。

这样一来，就能够控制孩子的支配欲，让孩子懂得尊重他人。在此过程中，孩子不但具有一定的同理心和同情心，也学会了为人处世的方法。

教给"直肠子"的说话艺术

8号领袖型孩子是很直率的,他们说话通常不会委婉,也不会说谎,这一点固然值得肯定,但是如果孩子一直是个"直肠子",在今后的生活中难免会对自己和他人造成伤害。

宁宁的妈妈发现宁宁说话很直,而且不分场合,什么话都脱口而出。有的时候,她想拦宁宁都拦不住,让人觉得很尴尬。

这天,妈妈带宁宁去逛商场。他们刚刚走进商场,妈妈遇到了同事,同事也带着儿子栩栩。栩栩比宁宁小很多,才刚刚会走路,可能是夏天比较热,就剃了个光头,走路摇摇晃晃十分可爱,妈妈让宁宁打招呼:"快和李阿姨、弟弟打招呼,看栩栩剪了新发型,多可爱。"谁知道宁宁脱口而出:"栩栩才不可爱,新剃了一个光头,就像少林寺的小和尚一样。"妈妈尴尬极了,不好意思地冲着对方笑了笑:"宁宁真不会说话,栩栩其实可爱极了。"说着,妈妈赶忙拉着宁宁去旁边的店逛了,心里却一直在为宁宁的说话方式担忧。

8号领袖型孩子说话直截了当,有什么就说什么,不考虑他人的感受,虽然他们说的话都是事实,但是有的时候难免会让人接受不了。如果孩子经常直言不讳、不分场合地说出身边人的缺点，久而久之就会遭到身边人的疏远，这样不仅不利于孩子的成长，也不利于孩子人际关系的养成，更不利于孩子走入社会。

因此，对于8号领袖型孩子来说，培养他们说话的艺术是特别重要的，要让孩子明白，面对他人的不足和错误，要能够宽容，要委婉提醒或者是保持沉默。如果事情严重到非说不可，也应该首先考虑到对方的感受，注意说话的方式。

教会孩子委婉说话是很重要的，让孩子在不便说出自己本意的时候，抱着尊重对方的态度，采取同义代替、侧面表达、模糊语言等方式，含蓄委婉地表达自己的本意。当然，许多孩子并不理解什么是同义代替等表达方式，这就需要家长的指导和帮助。

孩子也许不会考虑那么多，尤其是对于"直肠子"的8号领袖型孩子来说，他们在说话做事之前不会先考虑别人的感受，而是想做什么马上就行动，看到什么问题也会将评价脱口而出。由于孩子的知识与阅历不足，因此要求孩子懂得怎样把话说得漂亮是很不现实的，但是家长至少应该培养孩子做到说话时注意他人的感受，尽量不说伤人的话。

如果孩子说话一直"童言无忌"，家长就需要注意了，要弄清楚孩子的这些话是从哪里听来的。也就是说，家长要给孩子一个良好的语言环境，首先家长自己不能随意说脏话，更不能当着孩子的面随意议论他人的是非，给孩子做个榜样，引导孩子在评价一个人之前先看到这个人的闪光点，而不是根据自己心里的想法说出伤人的话。其次，还要引导孩子关注一些正能量的、适合孩子年龄段观看的影视剧或者动画片，不要让成人世界那些粗鄙的语言影响到孩子的措辞。

家长要明确的是，孩子说真话，这点是值得肯定的，要孩子懂得如何说话，不代表让孩子违背自己的意愿说谎话，说奉承别人的话，而是让孩子说出不让人尴尬的真话。家长可以采用换位思考的方式教育孩子，如果孩子说话直截了当，总是伤害到别人，家长也可以将孩子说过的那些话用在他们自己身上，比如，当他们写字歪歪扭扭的时候，也说他们字写得难看的像毛毛虫爬的一样，这样孩子就会觉得很难过。等孩子平静之后，家长需要及时向孩子解释自己那样说是为了让他们了解被他们这样说的同桌的心情，告诉他们直截了当地说话并没有什么错，但是如果你提醒同桌说他的字写歪了而不是说他写的像毛毛虫爬，是不是他就更能够接受，也不会那么难过了呢？久而久之，孩子在对别人说话的时候，就会先在心中想一想，如果自己发生了同样的情况，别人这样和自己说话，自己会不会难过。这样一来，就能够让孩子懂得控制自己的"童言无忌"。

等孩子长大一些之后，家长还可以给孩子买一些交际、说话之道方面的书来看，让孩子从书中多学习正确的说话技巧。这样一来，孩子就能够学会如何与他人相处融洽了。

顶嘴是他们的倔强，家长要用宽容的心去看待

很多家长发现8号领袖型孩子平时很爱顶嘴，无论家长批评他们什么，他们都想方设法地回顶家长几句，并且很难承认是自己做错了。这让很多家长觉得头疼，认为自己的孩子不听话、叛逆，难以管教。其实这并不像家长想象得那么严重，8号领袖型孩子之所以喜欢顶嘴，是因为他们的倔强性格。

平平的妈妈发现平平很喜欢顶嘴，每次妈妈一说他点什么，都会被他气得无话可说。据平平的妈妈反映，平平以前活泼开朗，是班级里的班长，学习也很努力，基本不需要父母操心。但是自从升入二年级之后，平平就变得很喜欢顶嘴，遇到错误也不愿意承认。

妈妈让他整理房间，他一定要看完动画片才行动；妈妈让他把作业写在本子上，他偏偏随便找了一张纸来写。妈妈发现，就算自己和平平说要怎样怎样去做，他也不会听，依旧我行我素。妈妈让他不要总是和淘气的涛涛一起玩，可是他偏要和涛涛做好朋友，还说小孩子的事情大人不懂，不让妈妈管他。妈妈让他帮忙下楼买酱油，他不仅不去，还说"我不想去，我为什么要去，为什么让我去"，真是让妈妈生气极了。

平平还不许妈妈批评他，就算是他的错误，他也不承认自己错了。他在客厅跑来跑去，不小心打碎了家里的花瓶，妈妈让他保证不再在客厅里乱

跑，他不仅不承认自己错了，反而责怪妈妈把花瓶放在客厅里，为此妈妈很生气，拿起笤帚冲平平的屁股打了几下。平平哭了起来，可就是不认错。

其实孩子开始顶嘴，是孩子自我意识增强的表现。一般来讲，8号领袖型孩子反应快、头脑灵活，本身能力较强，自信心强，因此他们是很难逆来顺受的，他们的自我意识也往往比其他孩子强烈。再加上他们性格倔强，喜欢表达自己内心的想法，因此大部分8号领袖型孩子都会跟父母顶嘴。

家长不要把这个问题严重化，认为孩子叛逆、不服从父母的管教，不尊重父母，并因此而打骂孩子。家长应该知道孩子顶嘴是孩子倔强的性格引起的，要宽容地看待孩子顶嘴，从孩子的角度看待这件事。这表明孩子是独立的，他们有自己的想法，并勇于表达自己的想法，但是如果孩子不管什么事都和你顶嘴，那么就需要引起家长的注意了。

在孩子顶嘴时，家长不能急于打骂孩子，要具体问题具体分析。当孩子顶嘴是因为家长处理问题不得当时，家长就要勇于承认自己的错误，并且肯定孩子，鼓励孩子及时继续说出他们的想法；但是当孩子无理顶嘴的时候，家长就要和孩子好好交谈，询问孩子的真实想法，让孩子说出那么做的理由，找出问题的原因，并且有针对性地解决问题。

孩子不愿意承认自己的错误而顶嘴，这个时候，许多家长都会像平平的妈妈一样难以忍受，甚至以打孩子的方式让孩子"长记性"。因为这在家长看来孩子就是不听话，只有打骂才能震慑住孩子。但是正确的做法是冷静下来。因为当孩子过于在乎自己的过失，是因为孩子倔强的性格造成的，他们不愿意承认自己的错误，并且想维持自己良好的形象。在这种情况下，家长更加不能采取强硬的手段，而是应该让孩子意识到，他们虽然犯了错误，但是父母不会因为他们的错误就不爱他们了。犯了错误不要紧，勇于承担并改正才是好孩子，为了掩盖错误而撒谎或者是不愿意改正错误都是不正确的行为，这样是不能够让父母喜欢的。

家长要尊重8号领袖型孩子独立的愿望，让孩子大胆地表达自己的想法，尽可能为孩子提供独立活动的机会。不要用成人的模式要求孩子，毕竟孩子有自己的想法。

家长还要注重与孩子进行日常的交流。家长应该给予支持，给孩子更多的发言权，鼓励孩子表达，鼓励孩子说出事实的真相，说出自己的理由和依据。孩子其实非常渴望自己能够得到家长的理解，因此，家长要经常倾听孩子的意见，理解孩子的实际感受，表达自己的意见与评价的时候，要与孩子有商有量，不能独断专横，这样孩子才能够感受到家长的爱，才愿意接受家长的意见。

与8号领袖型孩子相处小秘诀

与8号领袖型孩子的相处禁忌及调整方式

○不要对孩子说谎。8号领袖型孩子的性格十分耿直，他们最讨厌的行为就是说谎，同样也讨厌别人说话没有重点。如果家长对8号领袖型孩子说谎，哪怕只有一次也会失去孩子的信任与尊敬。因此，与8号领袖型孩子最好的沟通方式是直接说、说真话、说重点。

家长在教育孩子的过程中，还可以多给孩子讲一讲英雄的故事、名人的事迹、领袖的传奇，在孩子心目中建立起行动的榜样。对待孩子，家长的态度要坚定、坚决，不能轻易妥协。对孩子的批评尽量简洁地说出错误所在，对事不对人，要根据事实，不得凭自己的主观判断妄下结论，从而赢得孩子的尊敬。

○在8号领袖型孩子面前，不能独断专横。对于8号领袖型孩子来说，感同身受很重要。因为8号领袖型孩子很容易我行我素，为他人做决定，而家长更是孩子模仿的对象，如果在孩子成长的过程中，家长独断专横，不与孩子商量就为孩子的事情做决定，那么孩子也会这样。

因此，建议家长平时能够训练孩子多站在他人的角度思考问题，做到心平气和地与孩子沟通，维持亲子关系的和谐，也是培养他们情商的好办法。

○不要在孩子面前表现出急躁以及带有暴力性的语言或行为。8号领袖型孩子性格浮躁冲动，家长就更不能在孩子面前表现出急躁，或者是使用暴力以及不适合孩子接触的语言和行为。因为8号领袖型孩子本身就很容易暴躁，如果在日常的生活中家长也同样心浮气躁，说话粗鲁，孩子很容易学习家长的这种行为方式。这样不仅不利于孩子的成长，还会使孩子养成暴躁的性格和粗鄙的语言习惯。

建议家长首先控制好自己的情绪，在孩子面前尽量保持心平气和。平时在家中多放一些柔和、舒缓的音乐，让这些舒缓的音乐去调节孩子的内心，潜移默化地帮助孩子把急躁的性格安定下来。

如何打开8号领袖型孩子的心扉

〇用心倾听孩子一点一滴的感受，并及时疏导孩子的情绪。对于8号领袖型孩子来说，他们有的时候是很孤独的，他们总觉得自己能力超群、才华横溢，但是正因为这样，他们的知心朋友很少。因此，孩子有的时候会觉得孤单，如果孩子的这个情绪被父母忽略，那么孩子的心里就会觉得更加难过。家长要想知道8号领袖型孩子内心的真实想法，就应该经常询问孩子的人际交往情况和内心的实际感受，并针对孩子的感受给予及时的疏导。这样孩子就会愿意主动将自己的心情与父母分享。

〇尽量避免和孩子发生冲突。8号领袖型孩子本身就很容易冲动，父母应该尽量避免和孩子发生冲突。如果孩子犯了错误，更应该避免立刻对孩子发火，那样只会让孩子更加倔强和叛逆，从而造成亲子关系疏远。父母可以友好地与孩子沟通，指出孩子存在的问题，以平缓的语气与孩子交流，不使用带有威胁语气的话。

〇引导式沟通，与孩子分享自己的童年经历。8号领袖型孩子性格倔强，他们不愿意轻易承认自己的错误，更不愿意求助于父母，这样的孩子在成长过程中不仅人际关系不佳，还会有很严重的心理负担。家长需要注意的是，在孩子犯错误的时候，不要用强硬的方式逼迫孩子承认错误。要知道，认错不是教育孩子的目的，让孩子发现自己的不足，知道下次如何去做才是关键。这个时候，最好的办法是和孩子坐下来聊聊天，谈谈各自心里的想法。如果可以家长最好能和孩子分享自己童年时期的经历，告诉孩子自己在遇到相同的情况时是怎样处理的。也可以和孩子讲讲自己儿时犯过的错误，这样孩子也能够意识到自己的不足，从而拉近亲子关系。

如何让8号领袖型孩子更有效地学习

○不要盲目竞争，引导孩子扬长避短。8号领袖型孩子竞争意识非常强烈，他们的生存意识和领土意识也很强，还具有更为强烈的支配欲和领导欲。因此，在班级中，8号领袖型孩子往往担任着重要的职位。他们也会不自觉地将自己与其他同学进行比较，如果自己的成绩不如别人，他们就会很沮丧。不仅是成绩方面，8号领袖型孩子习惯拿自己的各个方面去和他人进行比较，他们总想要掌控全局，并习惯性地去领导他人。

如果当他们发现自己在某个方面不能树立威信，他们就会急躁冒进；如果他们在某一方面不是领导者，他们就会不由自主地想要去和领导者斗争。这样会让孩子在无形之中产生过重的心理负担，不利于孩子的学习和成长。

家长应该及时疏导孩子的这种心理，告诉孩子每个人都有自己擅长的，也有自己不擅长的，应该学会发挥自己的长处，不要勉强自己事事都要当领袖。同时要多表扬孩子的长处，让孩子知道自己擅长的事情，给孩子信心，减轻孩子的心理负担。

○不要埋头苦学，要懂得运用学习技巧。8号领袖型孩子是"直肠子"，他们无论想要做什么说什么都会直接表达出来，不会绕弯子，对于学习也是一样，当他们认定一种学习方式之后就会一直运用这种方式。他们对于自己认定的事情就一定会贯彻到底，学习的时候，对于自己不喜欢的学科会一直处于一种排斥的状态，会一直埋头苦学自己喜欢的科目，毫无学习技巧，这样是不利于孩子取得好成绩的。因此，家长应该注意让孩子协调自己的学习方式和侧重点，不能只学自己喜欢的科目，也不能死学。应该学会灵活运用自己学到的知识，平衡好爱好和成绩之间的关系。

如何塑造与8号领袖型孩子完美的亲子关系

○言出必行，成为孩子的榜样。8号领袖型孩子是很诚实的，为人也很直率，他们只要答应了别人的事情就一定会完成。因此，他们也希望别人能够同样对待他们，尤其是自己的父母。他们尤其希望家长能够说到做到，如果家长能够言出必行，他们就会更加尊敬家长，以家长作为自己的榜样。如果父母没有做到答应了8号领袖型孩子的事情，他们是很"记仇"的，会对父母失去信任。

○和孩子一起参加户外活动。8号领袖型孩子有的时候很喜欢融入集体的环境中，但是由于他们具有很强的支配欲和领导欲，所以他们很难投入到活动中。家长可以带着孩子多参加户外活动，最好是集体性质的，这样孩子就能感受到团队合作的重要性，并且在活动中体验到融入集体的乐趣，孩子也会更加依赖父母、信任父母，从而形成良好的亲子关系。

○给予孩子无声的支持。8号领袖型孩子很怕自己会依赖别人，但是其实他们也有内心脆弱、渴望得到依赖的时候。这个时候，父母应该成为他们可以依赖的对象。但是8号领袖型孩子的自尊心很强，他们不愿意承认自己的脆弱，家长最好的方式是给孩子无声的支持。一个信任的眼神、一个坚实的拥抱，都会让孩子觉得很安心，也会因此与家长更亲近。

8号领袖型孩子最想听的一句话

"难过的时候就哭出来吧，流泪并不代表不勇敢。"

第十章

9号和平型：引导孩子发展个性，激发孩子的进取心

9号和平型孩子沉着冷静，为人低调，随遇而安，但是他们没有进取心，做事拖沓，为人很被动。因此，家长应该引导孩子明确自己的想法，培养孩子的自主意识。

9号和平型孩子性格全解读

9号和平型的小朋友温和、稳重，能够帮助协调小伙伴之间的矛盾。但是他们对于事情是很难做出决定的，也常常会为了避免冲突而妥协。他们的性格特质中还有很多我们不知道的小秘密，就让我们一起来了解9号和平型孩子性格的全面特征吧。

9号和平型：容易害羞，不希望被关注，脾气好，但是容易受欺负

〇核心价值观：喜欢和谐而舒适的生活，不喜欢争名夺利；为人低调，不喜欢出风头和邀功；温和，有耐性，会聆听他人的倾诉。

〇外在特征：有的时候看起来很拘谨，但是大多数情况下是温柔、有亲和力的，因此很招人喜欢。

〇行为习惯：很容易分散自己的精力，有时需要他人的督促和提醒才能完成工作，经常会有拖延、完不成的情况发生。

〇性格优势：不会轻易发脾气，温和友善，耐性强，为人随和、有耐心。

〇性格劣势：没有自己的主见，不善于表达自己的想法，也不善于争取自己想要的东西。

〇性格陷阱：经常给人一种无所事事、无所谓的感觉；动作缓慢，缺乏动力；没有自己的主见，也没有决断力，缺乏个性。

○人际关系：不会轻易和他人发生冲突，是很好的倾诉对象，值得信赖。

○内心活动："为了可以早点儿休息，只能更努力一些"。

○心灵误区："如果我表现得和别人不一样，就会被排挤，得不到大家的爱"。

○常用词汇："随便啦""随缘吧""都可以""你来决定吧""不要这样认真嘛""无所谓啦"。

○兴趣培养：体育锻炼、数学、旅游、户外拓展运动。

9号和平型孩子的主要性格及行为特征

○他们做事情，会很注重过程而不是结果。

○他们从很小的时候开始就喜欢待在父母身边，并且不愿意离开父母太远。

○他们心思细腻，有的时候是十分敏感的，经不起别人的玩笑或者是挖苦，情绪上很容易受伤。

○他们做事情总会拖拖拉拉的，有的时候甚至对于说好要做的事情，最后也没有做。

○他们在大部分情况下都不会坚持自己的观点，但是有的时候也会很固执。

○他们温和，很好相处，不会让他人感觉到压力。

○当遇到让他们犹豫不决的事情时，常常会询问他人的意见，也会看周围的人是怎样选择的。

○他们的想法通常很单纯，在他们眼中，很多事情并不像想象中那样复杂。

○他们很容易适应新的环境，对一切都不是很挑剔。

○他们会为了避免产生矛盾和冲突而选择牺牲自己的感受，愿意平平淡淡，没有过多的情绪，喜欢粉饰太平。

○他们常常体会不到自己的存在，没有自我意识，他们常常把自己和外在的冲突分开来。

○他们很容易信赖别人，也很容易依赖别人。

○他们很好说话，喜欢配合别人的行为，不会主动表达自己的意见，因此他们没有办法帮助其他人出主意。

○他们甘于平庸，不求发生变化，为人处世都比较被动。

○他们不会给自己和他人定下过高的标准，也不会给别人提出较高的要求。

○他们对自己要求不高，当别人对他们提出要求时，他们也很漫不经心，显示出不在乎的样子。

○他们很少为自己辩解，就算被误会了，也不会说什么，不解释也不在意。

○他们喜欢运动，热爱大自然，但是胆子不大，想要去冒险，又不敢尝试。

○他们不能忍受别人板着脸，尤其害怕被他人拒绝，也不敢将自己的想法表达出来。

○他们缺乏自信，有的时候因为过于顺应别人的想法而使自己过于压抑。

○他们遇事喜欢逃避，被动、倦怠，不相信自己能够将事情完成好。

教孩子学会保护自己的权益

9号和平型孩子不愿意和任何人发生矛盾和争执，但是时间久了他们就会受到霸道淘气的小朋友的欺负，他们也会越来越觉得委屈。

瑞瑞是一个很乖的孩子，自从上了二年级，妈妈每天都给他5块零花钱，但他从来不乱花，每个星期还能存下十几块钱，让妈妈用这些钱给他买喜欢的玩具。

可是最近几个星期，妈妈发现瑞瑞每个星期都没有剩下的零花钱，也没有跟妈妈要新玩具，瑞瑞好像也闷闷不乐的，妈妈追问他发生了什么他也不说。

后来，学校举办绘画比赛，瑞瑞画了一幅很漂亮的《地球村》，打算参加比赛。妈妈看瑞瑞画得不错，觉得他一定可以获得他一直想要的奖品——布朗熊玩偶。很快学校就公布了比赛结果，瑞瑞果然得了一等奖。老师在家长的班级微信群里面特别表扬了瑞瑞，妈妈知道瑞瑞一定获得了梦寐以求的小熊玩偶，回到家里应该会很开心，于是妈妈买来了瑞瑞最喜欢吃的蛋糕，想和他分享这份喜悦。

可是妈妈去接瑞瑞时，发现瑞瑞是哭着跑出学校的，妈妈连忙追问："瑞瑞，你怎么了？今天你绘画比赛得了一等奖，不是应该高高兴兴的吗？"瑞瑞伤心地啜泣着，不说话，妈妈发现他手里并没有拿着学校发给他的奖品布朗熊玩偶，于是又问："你今天比赛不是得了一等奖吗？你喜欢的布朗熊玩偶呢？"妈妈似乎问到了瑞瑞的伤心之处，瑞瑞哭得更伤心了："妈妈，你能不能和老师说，不要让我和龙龙做同桌了？"妈妈明白可能是瑞瑞受到了新同桌龙龙的欺负，决定找龙龙的妈妈问问情况，因为她知道以瑞瑞的性格是什么都不会说的。

妈妈安慰着瑞瑞："别哭了，瑞瑞，妈妈为了奖励你，给你买了你最爱吃的蛋糕。等明天休息，妈妈去问问龙龙的妈妈是什么情况，你放心，妈妈会帮你解决的。"瑞瑞听后觉得安心了一些，擦干了眼泪和妈妈回家了。

第二天，瑞瑞的妈妈找到龙龙的妈妈，龙龙的妈妈也正要找瑞瑞的妈妈道歉。原来龙龙前一天抢了瑞瑞的布朗熊，还说是自己问过瑞瑞，瑞瑞给他的。龙龙的妈妈发现不对，最近龙龙的零花钱也多出很多，所以她知道自己的儿子肯定欺负瑞瑞了。于是，她不仅好好教育了龙龙一顿，还把龙龙从瑞瑞那里抢来的玩具和钱都拿给了瑞瑞的妈妈。

妈妈回到家，把属于瑞瑞的东西交给瑞瑞，并告诉他："瑞瑞，妈妈知道你不懂得拒绝别人，也不想和同学发生争执，但是你也要学会维护自己的权益，是自己的东西就不能随便被人抢过去，除非是你自愿想要给他的，不然一定要坚持自己的原则。如果下次还让别人抢走了你的零花钱和玩具，妈妈就不能帮你了，所以你要靠自己保护好自己，好吗？"瑞瑞抱着失而复得的布朗熊玩偶，冲妈妈点了点头。

9号和平型孩子是很不懂得保护自己的，他们的特点之一就是不善于拒绝。他们渴望人人都能够和平相处，害怕发生冲突和矛盾。他们更害怕得罪别人，怕自己左右为难。他们性格温顺，因此在童年时期很容易受到淘气的小朋友的欺负。在被欺负之后，他们往往不会及时地维护自己的权益，更不会报告老师和家长，他们只想息事宁人。

就像瑞瑞一样，很多9号和平型孩子对对方的要求不会拒绝，时间久了就会使对方更加霸道，他们则越来越委屈。就算是他们的权益真的受到侵犯，他们也不会据理力争，他们想的是能避开就避开，多一事不如少一事，但是最后受伤的往往是他们自己。

因此，对于9号和平型孩子来说，家长需要做的就是让孩子知道保护自己权益的重要性，要让他们明白自己应该坚守原则，不能够选择忍气吞声，要能够积极主动地寻求老师和家长的帮助，避免给自己造成更严重的伤害。

孩子一开始可能很难做到拒绝他人的无理要求，也不会主动去寻求帮助，这就需要家长在日常生活中对孩子的情绪进行观察，当孩子表现出悲伤情绪的时候，家长要及时疏导，引导孩子说出发生的事情。

克服自暴自弃，帮助孩子认识自己

乐乐的妈妈发现自己的孩子并不像他的名字那样乐观，相反，孩子在面对事情的时候很悲观，而且很容易自暴自弃。

比如妈妈让他背诵古诗，可是他怎么背也背不下来完整的，他非但没有坚持把古诗背完，反而把书一丢对妈妈说："我不背了，就算我再努力也背不下来。"学校组织书法比赛，妈妈觉得他的书法很不错，就让他去报名参加，结果他不仅不报名，还说："字写得好的小朋友那么多，就算我报名了也肯定得不了奖。"妈妈还发现乐乐很不喜欢参加学校的活动，不管是班干部竞选，还是文艺表演，他都不愿意参加。平时回家之后，他虽然会乖乖地完成作业，但是却没有其他业余爱好，也不会主动要求父母带他去哪里玩，更不会主动要求父母给他买玩具。

妈妈为乐乐这样的成长状态感到担忧，觉得孩子没有在日常的学习、生活中找到自己想要奋斗的目标，更没有自己的乐趣，这样孩子长大以后怎么会有理想和信念支撑着自己去努力奋斗呢？担心乐乐一事无成的妈妈，每天都在为此感到焦虑。

9号和平型孩子甘于现实，很随性，他们常常会有听天由命的心理。这样确实就会像乐乐的妈妈担心的那样，很不利于孩子的成长。对于这样的孩子，重要的是帮助孩子认识到自己存在的价值，培养孩子乐观向上的生活态度，协助孩子树立积极向上的人生信念，鼓励孩子勇敢地面对遭遇到的困难和挫折。

家长可以多带孩子参加集体活动，引导孩子多参与学校或多人协作的活动。让孩子明白每个人的智能发展是不平衡的，每个人都有自己的长处和短处，有自己擅长与不擅长的事情。这样在集体活动中，孩子不仅能够学会优势互补，还能够认识到自己的价值。孩子的强项得以发挥，有助于增强他们的信心，形成乐观向上的人生态度。

激发孩子内心的活力，并教给孩子与人交往的技巧。将不同性格的孩子进行对比可以发现，有的孩子做事情非常积极，有的孩子却做什么都没有精神。这与孩子的兴趣发展潜能有关，家长要引导孩子发现自己感兴趣的事情，为孩子培养适当的兴趣和爱好，在人际交往方面也要多帮助孩子，鼓励孩子与自己爱好相同的伙伴一样做他们共同喜欢的事。

家长还可以多带孩子出去走一走，开阔视野，让孩子知道这个世界是很大的，值得他们去探索、发现。引发孩子积极生活的心态，使其乐观面对事情。孩子在小时候懂得的知识较少，分辨能力是很差的。尤其是9号和平型孩子，他们喜欢随遇而安的生活。家长可以通过给孩子看一些国际节目，让孩子了解这个世界，告诉孩子除了家还有更广阔的世界等着他们去探索，也有更多的小朋友和更新奇的事情等待他们去认识和了解。这样孩子渐渐地就会愿意去探索，去实践，也会懂得自立自强，学会关心身边的人和事，形成积极乐观的生活态度。

引导孩子发展个性，增强自主意识

9号和平型孩子可以说是很透明的，他们没有在自己的性格中涂抹过多的色彩。为了避免和他人发生争执与冲突，他们宁可牺牲自己的感觉去迎合他人，从而忽视自己独特的心理感受。他们总是平平淡淡的，一般不会勃然大怒，也没有过多的情绪，很容易被忽视。

妮妮从小就很乖，但是她也很沉默，不愿意说话。无论父母问她什么，她都点头。比如，早上妈妈问她："今天穿红色的裙子去公园，好不好？"她会点点头；中午妈妈问她："中午我给你做红烧鱼，好吗？"妮妮还是会点点头；晚上要睡觉了，妈妈问她："今天妈妈给你读白雪公主的故事吧？"妮妮仍然点点头，什么也不说。

其实妈妈很疑惑，妮妮不喜欢红色，也不喜欢吃鱼，白雪公主的故事应该也早就听腻了，可是妮妮从来不反驳妈妈。

在幼儿园里，每个小朋友都有自己很鲜明的性格特点和兴趣爱好，比如大方懂事的牛牛喜欢下象棋，喜欢把自己的零食分给其他小伙伴，像个大哥哥一样；霸道的淘淘很活泼，喜欢把玩具分给小伙伴；文静的芳芳不喜欢跑跑跳跳的游戏，喜欢坐在教室里画画。可是妈妈发现妮妮不仅性格过于平和，看不出她的情绪，就连兴趣爱好也没有，每天老师让她做什么，她就去做什么。妈妈担心孩子是不是有自闭症，为此很担忧。

　　9号和平型孩子往往不会发表自己的意见和看法，别人说什么就是什么。这样的孩子长大之后也很容易失去自己的个性，尤其是像妮妮那样的孩子，可能从小就被父母包办一切，父母帮她决定了要去做的一切事情，而她的性格又使她不去反驳和拒绝，这样就会使孩子渐渐失去表达的欲望和生活的情趣。

　　家长要培养孩子的个性，可以从几个方面入手。首先，让孩子做力所能及的事情。孩子之所以没有自己的个性，就是因为孩子在很多事情上没有自己的主见，或者是在成长的过程中没有机会表达自己的想法。在没有成长到一定年龄的时候，孩子对一些事情是认知不到的，因此有的时候很难知道自己想要的究竟是什么，也没有确定自己很喜欢的事情。因此，家长在孩子成长的过程中，要让孩子选择自己喜欢的事情去做。诸如让孩子选择自己出门要穿的衣服，询问孩子喜欢吃哪种蔬菜，让孩子选择希望妈妈读给她的故事。如果家长不询问而是直接下结论的话，孩子就很容易因为要适应家长的要求而失去自己的个性特点。

　　其次，家长还要尽可能地为孩子营造温馨、宽广的成长空间。家长最好能够从孩子的角度出发，去审视周围的环境，让孩子做自己空间的小主人，而家长需要充当的是协助者而不是领导者的角色。在日常的生活中，家长要仔细观察孩子的喜好，结合具体情形，对于孩子感兴趣的东西给予配合和支持，发展孩子的个性，增强孩子的自主意识，让孩子认识到自己也是有想法的。

最后，带孩子参加游戏，用游戏促使孩子产生愉快的情绪体验，使孩子的性格逐渐变得热情而开朗；还可以通过角色扮演游戏，培养孩子的责任感与义务感。总之，家长要让孩子产生自我意识，认识到自己的价值，从而不断发展自己的个性。

别给孩子贴上"懂事"的标签，太懂事的孩子也委屈

9号和平型孩子从小就很没有自我，他们会很听大人的话，因此也常常被贴上"懂事"的标签。但是这样会让9号和平型孩子更加没有主见，更加委曲求全，很不利于孩子的成长。

波波今年八岁，是父母和老师眼中懂事的孩子。他从来不会违背父母和老师的话，无论他们说什么他都会答应。

暑假的时候，父母很忙，将波波带到了乡下的外婆家，由外公和外婆照顾。波波很少有机会到乡下，他很开心，想让舅舅带着他去村子的另一边赶集。舅舅平时很忙，但是看波波这么想去，就答应波波说，如果波波能够在一个月内把作业写完，就带波波去赶集，并且给波波买一把新水枪。

波波开心极了，每天都很认真地写作业，写完作业还会花很长的时间检查自己写的内容是否正确。他也不看动画片了，生怕舅舅不带他去赶集。

这天，波波的姨妈带着儿子皮皮也到了外婆家，皮皮叫波波去小河边捉鱼，波波怎么也不去，说自己必须好好写作业，这样舅舅才能带他去赶集，还会给他买新玩具。皮皮一听，也央求妈妈带他去赶集，于是姨妈也和皮皮说只要他像波波一样认真写作业，就让舅舅带着他们两个一块去。

可是谁知道皮皮是一个任性惯了的孩子，他一听妈妈有这么多的要求，

马上不高兴了，在院子里哭了起来，还到外婆的菜园里搞破坏，姨妈没有办法只好答应第二天就带他去赶集。

波波见到这样的情景觉得很委屈，他在想为什么自己那么乖却不能像任性的皮皮一样闹一闹就能马上去赶集呢？

9号和平型孩子从小就很好哄，每天只要吃饱了、睡好觉就不会哭闹，让父母很省心。长大之后，他们更懂得自娱自乐，也不用大人费心去照顾他们。他们往往十分在意别人的感受，会压抑自己的欲望，小心翼翼地讨好大人。因此很多家长会给孩子贴上懂事的标签，孩子也会因为这个标签更加压抑自己，他们会因为这个标签坚持到底，不断地忍让。正是因为这样，他们常常会像案例中的波波一样觉得委屈，因为他们越长大就越会发现，自己的懂事、乖巧并不能得到自己想要的东西，反而是任性的孩子才有人宠着。他们慢慢就会形成这样的认知：一个"熊孩子"只要做一件暖心的事，就会让人交口称赞；一个懂事的孩子做了一件出格的事，就会让父母大失所望，从而前功尽弃。

其实9号和平型孩子懂事的背后会造成他们深深的自卑感，他们在成长的过程中会困惑自己的听话、懂事究竟有没有意义。他们不会为自己感到骄傲，只会觉得委屈。这样长期发展下去有可能激发孩子的叛逆心理，使孩子性格大变，或者使孩子变得更加无所谓，最终一事无成。

因此，作为9号和平型孩子的家长，切记不要给孩子贴上懂事的标签，孩子听话、懂事固然值得表扬，但是不要单纯地将孩子定位为懂事的、不会犯错误的、我说什么他们都应该听的那种毫无主见、毫无自我意识的孩子。孩子是独立的个体，他们应该有自己的想法，他们不是自己成长路上的旁观者，而是最直接的参与者。除了夸孩子懂事以外，家长请尝试给予他们更多的温暖，多关心孩子的情绪变化，给他们一点儿任性的机会，让他们能够说出自己内心真实的想法。

让孩子独立，不要过于依赖父母

一位家长在孩子的成长日记中写道："我的孩子不知道为什么，从小就喜欢黏在我和他爸爸身边。无论我们两个人去哪里，他都要紧紧地跟着，生怕我们会离开他。长大了以后，孩子也很没有自己的主见，什么事情都让我和他爸爸做决定。他自己好像什么事都不想操心，如果我和他爸爸不说让他去做什么事情，他也不会自己主动去做一些事情。上了学以后，他也仅仅是完成老师布置的作业，没有一点儿自己的兴趣爱好。遇到不会的问题，他也不会自己想办法，不是让我们帮他解决，就是置之不理。他不知道自己应该做什么，就比

如前两天，我和他爸爸因为工作出门留他一个人在家，回来的时候孩子只说自己很饿，问他有没有吃午饭，他说没有，可是我明明做好了他喜欢吃的炒饭放在厨房里了。我问他为什么没吃炒饭，他竟然说我没有让他吃。我对自己的孩子哭笑不得，但是又不知道怎样帮助他真正地成长起来。"

很多9号和平型孩子的家长都和上面的这位家长一样，在面对9号和平型孩子的时候，常常不知道应该怎样才能让孩子明白自己应该学会规划自己的事情，并在预计的时间内完成。9号和平型孩子做事情很小心翼翼，他们担心自己会做错事情，因此很依赖家长，希望能够在家长的提醒下做事情，因此9号和平型孩子往往有很强的依赖心理。家长要想解决孩子做事情没有主见以及依赖父母的性格，首先就要帮助孩子克服依赖性。

家长可以消除孩子的自卑感，增强孩子的自信心。9号和平型孩子担心做错事情，往往是因为他们性格中软弱的一面，致使他们很自卑。而克服孩子依赖性的第一个方法，就是要先帮助孩子增强自信心，这样孩子才有可能消除自卑感，获得自己去完成事情的勇气。家长要让孩子知道，每个人都有自己的长处和不足，有的时候一个人可能不擅长某一件事，但是在其他的事情上可能会非常成功，所以要让孩子对自己有信心，要相信即使脱离了父母，也同样能够完成自己想做的事情。

还要注意培养孩子的自尊心，让孩子坚信"我能行"。当孩子对自己的评价渐渐好起来之后，就会乐于做一些自己感兴趣的事情，他们也会逐渐愿意最大限度地利用自己的可能性，并且意识到在困难面前选择屈服是很不甘心的。自尊心差的孩子往往依赖心强，而自尊心强的孩子会相信用自己的力量也可以完成很多事。

对于依赖性很强的9号和平型孩子来说，提高孩子的生活自理能力也很重要。就像那位妈妈在孩子的成长日记中提到的，9号和平型孩子遇到问题就会想要寻求父母的帮助，不会想着自己去解决，饭放在厨房自己都不会主动去吃，这不仅与孩子的性格有关，还与家长的教育方式有关。如果孩子每次向家长求助，家长不管是什么都一口答应帮孩子包办，那么孩子自然就失去了自理能力。所以，要让孩子成为一个独立自主的人，就要从小的时候培养孩子良好的生活习惯，让孩子踏踏实实地学习他人的长处。

家长要教孩子学会整理床铺，收拾书桌、抽屉和书架；让孩子自己洗毛巾、红领巾、袜子等小衣物；要求孩子自己准备上学需要的用品等。孩子一开始的时候会不习惯独立做事情，很有可能会出现各种各样的问题。这个时候家长不要指责孩子，也不要放弃让孩子自己去做的想法，而是应该给予孩子肯定，然后耐心指导孩子，并鼓励孩子重新尝试。

当孩子基本能够生活自理之后，家长可以开始培养孩子的独立能力。从小培养孩子学会独立学习和服务自己的能力，也能够帮助孩子克服依赖性。当孩子完成作业以后，要培养孩子自我检查作业的习惯，如果孩子自己没有检查，家长不要帮助孩子检查。如果孩子在检查作业中遇到困难，家长可以给予适当的帮助。为了培养孩子独立学习的能力，家长还应该培养孩子独立思考、独立使用工具书查阅资料的习惯。如果孩子在做作业的过程中遇到不会写或者不认识的字，家长不要直接告诉孩子，而是要鼓励孩子自己去字典上查找。

与9号和平型孩子相处小秘诀

与9号和平型孩子的相处禁忌及调整方式

○不要忽视孩子。9号和平型孩子由于很难主动表达自己的心情，因此无论是在家里还是在学校中，都很容易被人忽视。但是实际上，9号和平型孩子也渴望能够得到肯定，他们努力地迎合他人，就是希望自己能够得到认可。如果家长因为孩子懂事、听话而忽略了他们，他们就会很沉默。建议家长能够多给予9号和平型孩子认同与鼓励，支持孩子走出自己的小圈子，多接触外面的世界。

○不要因为孩子偶尔的调皮而对孩子失望。9号和平型孩子是很懂事的，他们一直以来都很让家长省心。但是有的时候就像上面提到的，当家长习惯了孩子的懂事、听话和优秀，一旦孩子犯了错误或者哪个方面做得不好的时候，家长可能就会表现出失望，这样其实很伤害孩子的心，对孩子也是不公平的。建议家长不要因为孩子偶尔的失败而失望，要允许懂事、听话的孩子可以调皮和任性，因为这是他们欲望的释放。倘若孩子过于压抑，又怎么能生活得快乐幸福呢？

○不要轻易反驳孩子的话。9号和平型孩子看似沉静，其实他们的性格中有固执的一面，他们原本就很难开口说"不"，如果他们说了"不"，那一定是因为他们很难再妥协。这个时候，家长如果还不考虑孩子的心情，要求孩子顺从，那么孩子以后就会更加难以表达自己的想法。建议家长有的事情要鼓励孩子说"不"。

如何打开9号和平型孩子的心扉

○9号和平型孩子是典型的聆听者，但是这种能力如果不加以控制和引导，就会使孩子失去正常的语言表达能力。因此，家长需要学着引导孩子打开心扉，引发9号和平型孩子讲出自己的观点，让孩子明白有的时候清晰明了地阐述自己的观点也是很重要的。

○有的9号和平型孩子内心很有主见。虽然他们表面上不会和人据理力争，凡事都是一种无所谓的态度，但是他们心里的想法是不会轻易改变的。许多时候，他们习惯妥协，以此来避免矛盾。久而久之，随着孩子慢慢长大，他们就会很难看到真正对局面有利的方向，并做出正确的决断。

如何让9号和平型孩子更有效地学习

○引导孩子学习之前合理规划，并遵守规则。9号和平型孩子做事情喜欢拖拖拉拉，不紧不慢，他们不会为自己应该完成的任务做规划，总是很随意。他们的饮食起居、玩耍学习常常很没有规律，这与他们随性的性格特点有关。对于学习也是一样，他们往往不会安排自己的学习时间，写作业也很拖沓，不是很晚才写完作业，就是根本没有时间安排课余活动。

如果没有家长进行引导与约束，他们还会睡懒觉、不记得吃饭，可能会白天出去玩，晚上看电视看到很晚。这样孩子长大以后就会缺乏上进心与好奇心，导致得过且过，做事没有始终，最终一事无成。所以家长应该帮助孩子合理规划作息与学习时间，并督促孩子严格按照规定的去做。如果孩子提前完成任务，空余的时间可以给孩子奖励，让他们做自己喜欢的事情，这样孩子慢慢就会有意识地规划自己的时间。

○引导孩子分清事情的轻重缓急。有的时候家长会发现，你给9号和平型孩子越充足的时间去做某件事情，他们完成的反而越少，因为他们有的时候很难分清什么事情是重要的，什么事情是不重要的，他们会把过多的精力分散在不重要的事情上。比如孩子会因为纠结某一道难以解答的数学题而致使其他作业都没有完成；或者孩子看到周围的同学完成了某项成果，自己也想去试一试，但是孩子的精力是很有限的，在面对很多事情的时候，孩子必须有所选择。

这就需要家长引导孩子，帮助孩子分析事情的重要性。家长要慢慢引导孩子将复杂的事情按照重要程度进行排列，再按照轻重缓急的顺序一件件去解决，这样孩子才能够将学习时间安排得更加合理。

如何塑造与9号和平型孩子完美的亲子关系

○允许孩子和你顶嘴。如果9号和平型孩子出现了顶嘴的行为，说明他们内心已不能再屈从，他们的忍耐已经达到了他们的极限。因为9号和平型孩子是不会轻易和父母顶嘴的，他们顶嘴是为了让家长听到他们的真实想法。当孩子顶嘴的时候，家长不要急着压制孩子，要抱以宽容的心态，鼓励孩子心平气和地说出自己的想法，这样孩子才会愿意与父母交流，才能形成互相信任的亲子关系。

○建立亲子沟通平台。父母为9号和平型孩子建立沟通平台对完美亲子关系的塑造是很有必要的。因为9号和平型孩子很难讲出自己内心的真实想法与感受，甚至在很多情况下，他们只是在表达他人认为对的观点，而并非表达自己心里真正的想法。因此家长应该与孩子经常沟通，给予孩子支持与鼓励。

9号和平型孩子最想听的一句话

"你做得很好，我为你感到骄傲。"

不完美，才美

在了解孩子的性格以及教养方法的过程中，很多家长很容易只关注孩子身上那些大人认为是缺点与不足的地方，而常常忽略了孩子身上的闪光点。这是很容易理解的，因为家长总是会对孩子的成长有很多的期待，甚至在孩子很小的时候，有些家长就幻想着孩子长大以后能够懂事、乖巧、真诚、善良。

好的品质都是相似的，但孩子的性格却各有不同，不可能每个孩子都会像家长期待的那样成为"完美"的孩子。

这就需要家长能够真诚接纳自己孩子真实的样子，而不是非要孩子变成你认为他应该有的样子。其实，家长应该知道，正是因为孩子性格的不同，才让孩子具有其独特的魅力，一味要求孩子具备与自身性格不一致的特征，只会阻碍孩子性格中优势的发展。家长需要做的就是，引导孩子发挥性格中的优势，避免进入自身的性格陷阱，让孩子真正地认识自己，走自己的路，用饱满的热情与信心去面对自己的成长与学习。

孩子的性格特质中会有积极的方面，也会有消极的方面。如果家长想要与孩子建立亲密和谐的亲子关系，那么就不能够纠结于孩子性格中消极的方面，而是应该多关注孩子性格中积极的方面，并且不断强化这些方面，以此来削弱其消极的方面，避免与孩子发生不必要的争执。

家长在孩子成长的过程中，要注意多指出孩子做得对、做得好的地方，强化孩子的信心，这样孩子就会更有勇气去努力和尝试。如果家长一味批评孩子做得不好的地方，那么很容易使孩子消极悲观。

如果孩子很活泼，但是有的时候又有点淘气，家长不能只看到孩子调皮的一面，而是应该看到他身上的其他优势，比如热心、乐于助人、有情有义、讲原则等。注重孩子积极的方面就是需要家长强调孩子性格中正面、好的部分，不要总是将孩子偶尔的失败和错误挂在嘴上，更不能对孩子失望或者失去信心。

建议家长每天对孩子进行积极的鼓励，不一定是口头上的赞扬，也可以给孩子一个微笑、一个拥抱或者给孩子赞赏的眼神，这些都能够使孩子建立信心。

此外，和孩子一样，家长的性格也可以与九型人格相对应。作为家长，也会存在性格优势与性格陷阱，如果家长是1号完美型性格，那么也会过于追求完美，可是你的孩子不一定也是1号完美型孩子，他有可能是很随性的7号乐观型孩子，那么你就不能时时刻刻按照自己的标准要求孩子，否则你们之间必然会产生矛盾。

家长要在了解孩子性格的同时也对自己性格进行了解，不能在教育孩子的时候陷入自己的性格陷阱。教育孩子的过程其实也是自我认识与自我调整的过程，家长要知道自己的性格有可能和孩子的很搭，亲子之间天生就有一种默契，但是也有可能是针锋相对的，你不能理解孩子，孩子也不能理解你。在这种情况下，如果家长不能以理性的角度去看待亲子关系，就很容易造成亲子隔阂。

因此，建议家长也对自己的性格进行"对号入座"，了解自己的性格特点，从而与孩子的性格特点进行比较，理性看待彼此之间的性格差异，求同存异，理性教养，从而做到与孩子和谐相处。